21 世纪高等学校计算机应用型本科规划教材精选

Protel DXP 电路设计与应用教程

赵　辉　渠丽岩　主编

清华大学出版社

北京

内 容 简 介

Protel DXP 是应用最广泛的电子线路设计软件,具有使用简单、易于学习、功能强大等优点。本书以 Protel DXP 英文版为基础,以应用型人才培养为目标,结合相关专业课程,从实用角度出发,通过典型实例系统地介绍电路原理图的设计、电路原理图仿真以及印制电路板的设计方法。

本书的主要内容有 Protel DXP 的基础知识、电路原理图的设计、层次原理图的设计、创建原理图元件、电路原理图仿真、印制电路板的设计和创建元件封装等。全书内容详实、语言简练、图文并茂、实例丰富,为便于读者轻松掌握电路设计的方法和技巧,每章后还附有上机练习题,便于读者练习。

本书面向普通高等院校电气与电子信息类、计算机及相关专业本科学生,也可作为电子线路设计工作者的参考用书。

图书在版编目(CIP)数据

Protel DXP 电路设计与应用教程/赵辉,渠丽岩主编. —北京:清华大学出版社, 2010.9(2023.8 重印)

(21 世纪高等学校计算机应用型本科规划教材精选)

ISBN 978-7-302-23043-4

Ⅰ. ①P… Ⅱ. ①赵… ②渠… Ⅲ. ①印刷电路—计算机辅助设计—应用软件,Protel DXP—高等学校—教材 Ⅳ. ①TN410.2

中国版本图书馆 CIP 数据核字(2010)第 113416 号

责任编辑:索 梅 薛 阳
责任校对:焦丽丽
责任印制:杨 艳

出版发行:清华大学出版社
    网 址:http://www.tup.com.cn,http://www.wqbook.com
    地 址:北京清华大学学研大厦 A 座 邮 编:100084
    社 总 机:010-83470000   邮 购:010-62786544
    投稿与读者服务:010-62776969,c-service@tup.tsinghua.edu.cn
    质量反馈:010-62772015,zhiliang@tup.tsinghua.edu.cn
    课件下载:http://www.tup.com.cn,010-62791865
印 装 者:涿州市般润文化传播有限公司
经 销:全国新华书店
开 本:185mm×260mm 印 张:16   字 数:384 千字
版 次:2010 年 9 月第 1 版   印 次:2023 年 8 月第 10 次印刷
印 数:15001~15500
定 价:49.00 元

产品编号:037210-04

编写委员会成员

（按姓氏笔画）

序 PREFACE

PREFACE

"教育部、财政部关于实施高等学校本科教学质量与教学改革工程的意见"(教高[2007]1号)指出:"提高高等教育质量,既是高等教育自身发展规律的需要,也是办好让人民满意的高等教育、提高学生就业能力和创业能力的需要",特别强调"学生的实践能力和创新精神亟待加强"。同时要求将教材建设作为质量工程的重要建设内容之一,加强新教材和立体化教材的建设;鼓励教师编写新教材,为广大教师和学生提供优质教育资源。

"21世纪高等学校计算机应用型本科规划教材精选"就是在实施教育部质量工程的背景下,在清华大学出版社的大力支持下,面向应用型本科的教学需要,旨在建设一套突出应用能力培养的系列化、立体化教材。该系列教材包括各专业计算机公共基础课教材;包括计算机类专业,如计算机应用、软件工程、网络工程、数字媒体、数字影视动画、电子商务、信息管理等专业方向的计算机基础课、专业核心课、专业方向课和实践教学的教材。

应用型本科人才教育重点面向应用、兼顾继续深造,力求将学生培养成为既具有较全面的理论基础和专业基础,同时也熟练掌握专业技能的人才。因此,本系列教材吸纳了多所院校应用型本科的丰富办学实践经验,依托母体校的强大教师资源,根据毕业生的社会需求、职业岗位需求,适当精选理论内容,强化专业基础、技术和技能训练,力求满足师生对教材的需求。

本丛书在遴选和组织教材内容时,围绕专业培养目标,从需求逆推内容,体现分阶段、按梯度进行基本能力→核心能力→职业技能的培养;力求突出实践性,实现教材和课程系列化、立体化的特色。

突出实践性。丛书编写以能力培养为导向,突出专业实践教学内容,为有关专业实习、课程设计、专业实践、毕业实践和毕业设计教学提供具体、翔实的实验设计,提供可操作性强的实验指导,完全适合"从实践到理论再到应用"、"任务驱动"的教学模式。

教材立体化。丛书提供配套的纸质教材、电子教案、习题、实验指导和案例,并且在清华大学出版社网站(http://www.tup.com.cn)提供及时更新的数字化教学资源,供师生学习与参考。

　　课程系列化。实验类课程均由"教程＋实验指导＋课程设计"三本教材构成一门课程的"课程包"，为教师教学、指导实验，学生完成课程设计提供翔实、具体的指导和技术支持。

　　希望本丛书的出版能够满足国内对应用型本科学生的教学要求，并在大家的努力下，在使用中逐渐完善和发展，从而不断提高我国应用型本科人才的培养质量。

丛书编委会

2009 年 6 月

前 言

FOREWORD

本书是"21世纪高等学校计算机应用型本科规划教材精选"中的教材。本教材旨在贯彻实施"质量工程",为适应应用型人才培养的需要,以及新的课程体系和教学改革的需要,结合相关专业课程知识点的交叉和融合,引入典型的电路项目作为教学实例,配合课堂教学内容及教学方法的改革,编写而成。

Protel DXP是电子产品设计中应用最为广泛的一种设计工具,它具备强大便捷的编辑功能,为电路原理图和印制电路板的设计提供了良好的操作环境,并具备完善灵活的设计管理方式,已成为电子线路设计人员首选的计算机辅助设计软件。本书以Protel DXP英文版为基础,从实用角度出发,按照循序渐进、理论联系实际的原则,根据电子电路设计的特点,结合典型实例系统介绍了电路原理图的设计、电路原理图仿真以及印制电路板的设计方法。全书内容详实、层次分明、语言简练、图文并茂、实例丰富,为便于读者轻松掌握电路设计的方法和技巧,每章后还附有上机练习题,便于读者练习。

本书共9章,包括Protel DXP的基础知识,原理图设计快速入门,电路原理图的设计,层次原理图的设计,创建原理图元件,电路原理图仿真,电路板设计入门,印制电路板的设计以及创建元件封装。

本书由赵辉和渠丽岩共同编写完成。其中第1~5章由渠丽岩编写,第6~9章由赵辉编写。本书在编写过程中查阅和参考了许多文献资料,得到很多教益和启发,在此向参考文献的作者致以诚挚的谢意;本书在编写过程中,还得到了清华大学出版社和天津理工大学中环信息学院的大力支持和帮助,在此表示衷心感谢。

本书面向普通高等院校电气与电子信息类、计算机及相关专业本科学生,也可作为电子线路设计工作者的参考用书。

由于编者水平有限,书中不当之处欢迎广大同行和读者批评指正。

编 者

目 录

CONTENTS

第1章

Protel DXP基础知识

本章学习目标

- 了解 Protel DXP 的新特性和 Protel DXP 设计系统的组成；
- 认识 Protel DXP 的主窗口、菜单栏、工具栏及工作面板；
- 掌握 Protel DXP 的文件管理方法，掌握设计项目的建立和保存方法，以及在设计项目内建立文件的方法；
- 了解 Protel DXP 系统参数的设置方法。

EDA 是 Electronic Design Automation(电子设计自动化)的简称。随着计算机和电子信息技术的发展，各类 EDA 应用软件应运而生，而 Protel DXP 全面集成了 EDA 设计的主要技术，提供了一套完全集成化的设计环境，实现了电子产品从概念设计到成品所需的全过程。它整合了电路原理图设计、PCB 设计、电路原理图仿真、FPGA 设计和信号完整性分析等众多功能。同时以其强大的管理功能、良好的设计平台、可自行定义的操作环境等优点，成为电子行业中最为流行的电路设计软件。

本章介绍 Protel DXP 的基础知识，主要内容有 Protel DXP 的新特性和系统组成，Protel DXP 的主窗口介绍，Protel DXP 的文件管理方法，并通过实例介绍设计项目及设计文件的建立和保存方法，最后介绍 Protel DXP 系统参数的设置。

1.1　Protel DXP 概述

Protel 是国内电子行业中最早得到广泛应用的电子设计软件之一。Protel DXP 是 Altium 公司推出的最新产品，它不仅集成了 Protel 软件先前版本的优点，而且具有更好的稳定性、更强大的图形处理功能以及更友好的用户界面，使用户能够更轻松、更高效地完成电子产品的设计。本节介绍 Protel DXP 的新特性以及 Protel DXP 设计系统的组成。

1.1.1　Protel DXP 的新特性

Protel DXP 与以前的版本相比，增加了许多新的功能和特性。

1. 使用项目管理的新模式

Protel DXP引入了项目的概念,任何设计任务都从创建一个项目开始,项目管理采用整体的设计概念,其中的各种文件,如原理图文件、仿真文件、PCB文件和库文件等都可以放在任意目录中,使设计项目的管理更加智能化,提高了设计效率。

2. 灵活的工作面板操作

Protel DXP采用更直观的设计环境,大量使用工作面板的概念。用户可以通过这些工作面板方便地进行文件访问和显示,还可以管理库文件和浏览项目文件等。采用工作面板具有更加灵活的操作界面,从而适应各种设计工作的需要。

3. 实现了多通道电路设计方法

多通道电路设计方法是一种非常有效、快捷的设计手段。在电路设计的过程中,设计人员经常会遇到重复性设计的问题。采用多通道电路设计方法,只要设计出其中一部分电路原理图,即可自动地重复引用该原理图,并且不会产生元件或者网络重复命名的情况。

4. 引入元件集成库

Protel DXP采用了一种新的元件库管理方式,引入了元件集成库的概念,在Protel DXP的元件集成库中集成了元件的原理图符号、PCB封装形式、SPICE仿真模型和信号完整性分析,这样在调用元件的时候可以把相应的信息同步传递给具体的设计项目,大大加快了设计进程。同时在元件的组织和管理方面,还增加了图形显示功能,无论在原理图编辑器还是在PCB编辑器中,从元件库管理面板上能够同时看到元件的原理图符号和PCB封装形式。

5. 采用了SITUS布线器

Protel DXP的PCB设计系统在进行自动布线时引入了人工智能技术,它的自动布线系统采用了SITUS拓扑算法,是一种基于拓扑逻辑分析的布线器,可以胜任大面积、高密度电路板的自动布线。从而可以最大限度地利用电路板上的有限空间,实现较高的布通率。

6. 采用了双向同步设计

与以前版本相比,Protel DXP的同步化程度更高,支持双向同步设计功能,可以实现电路原理图和PCB之间动态连接的功能。Protel DXP可以通过原理图编辑器的设计同步器实现与PCB板的同步,而不必处理网络表文件的输出与载入,在信息向PCB电路板的传递过程中,设计同步器会自动在PCB中更新电气连接信息,对修改过程中出现的错误还会提供警告信息。同样在PCB设计过程中,也可以通过PCB设计系统的设计同步器对电路原理图的设计进行更新。

7. 增加了FPGA设计系统

Protel DXP引入了FPGA设计系统,提供了一种全新的FPGA/CPLD设计功能,采用原理图编辑器就可以进行 FPGA 的设计输入,同时还能实现 VHDL 与原理图的混合输入。另外,Protel DXP 的 VHDL 设计部分与 FPGA 厂商的逻辑综合软件具有良好的接口,在完成 FPGA 设计输入之后,可以直接从 FPGA 原理图中编译生成电子设计交换格式(EDIT)网表文件,导入到 FPGA 器件供应商提供的布局布线工具中,同时还支持 FPGA 引脚的反向标注和说明。

8. 全面的设计分析功能

Protel DXP 为用户提供了全面的设计分析功能,这些分析功能主要包括模/数混合电路仿真、信号完整性分析和 VHDL 仿真验证。电路仿真可以在原理图编辑器中直接进行,并且在仿真结束后可以对仿真波形进行后期数学处理。信号完整性分析可以提供有关PCB 网络阻抗、过冲、下冲、延迟时间和信号斜率等真实性能的详细信息。这些分析的目的是验证设计的可行性,以便及早发现设计中存在的问题,提高设计效率。

1.1.2 Protel DXP 设计系统的组成

Protel DXP 是一款面向 PCB 设计项目,多方位实现设计任务的 EDA 开发软件。其设计系统主要由以下几部分组成。

1. 原理图(Schematic)设计系统

主要用于电路原理图的设计,是 PCB 电路设计的前期部分。原理图设计系统支持模块化的设计方法,还具有强大的电气规则检查功能,能够快速对大型的复杂电路进行检查。具备完善的库元件编辑和管理功能。

2. 原理图仿真(Simulation)

仿真是指在计算机上通过软件来模拟具体电路的实际工作,以检验电路设计过程中是否存在缺陷。通过电路的仿真运行,观察运行结果是否满足设计要求,从而在设计前期发现问题并给予有效弥补。仿真分析可以有效缩短开发周期,降低成本。

3. 印制电路板(PCB)设计系统

PCB 主要用于印制电路板的设计,设计的 PCB 文件将用于印制电路板的生产。另外PCB 设计系统具备完善的库元件管理功能,同时还具备在线设计规则检查(DRC)功能,以修正违反设计规则的错误。

4. 信号完整性(Signal Integrity)分析系统

Protel DXP 可直接在 PCB 编辑器中进行信号完整性分析,并且 Protel DXP 集成元件库中的元件已包含信号完整性(Signal Integrity)分析模型。在 PCB 制版前对 PCB 进行信号完整性分析,可以发现 PCB 中可能出现的串扰和反射等传输线问题。

5. FPGA 设计系统

它主要用于可编程逻辑器件的设计,设计完成后,可生成熔丝文件,将该文件烧录到逻辑器件中,就可以制作具有特定功能的元器件。

6.集成元件库设计系统

与以前版本不同,Protel DXP 可以将元器件的原理图符号、PCB封装、SPICE仿真模型和信号完整性分析模型等信息整合到一起,在调用原理图元件符号的同时,所有相关信息都被调用,这样可以大大加快设计进程。

1.2　Protel DXP 的主窗口介绍

1.2.1　启动 Protel DXP

启动 Protel DXP 的方法有如下几种:

(1) 双击桌面上的 Protel DXP 图标。

(2) 单击"开始"菜单中的 DXP 2004,如图 1.1 所示。

(3) 在"开始"菜单中选择"所有程序/Altium/DXP 2004"。

系统启动后,首先出现软件的启动画面,如图 1.2 所示,随后打开软件的主窗口,Protel DXP 的主窗口如图 1.3 所示。

图 1.1　开始菜单中的 Protel DXP 图标

图 1.2　Protel DXP 的启动画面

在 Protel DXP 主窗口中,最上面分别为标题栏、菜单栏、主工具栏,窗口的左、右两侧和下边的右侧为工作面板标签,单击某一标签可以打开相应的工作面板,主窗口中间较大的区域为工作区,最下面为状态栏。

1.2.2　Protel DXP 的工作区

Protel DXP 的所有电路设计工作都必须在工作区中进行。通常在没有任何设计项目或文件打开时,工作区显示的是 Home 页视图,Home 页中各项内容的含义如下:

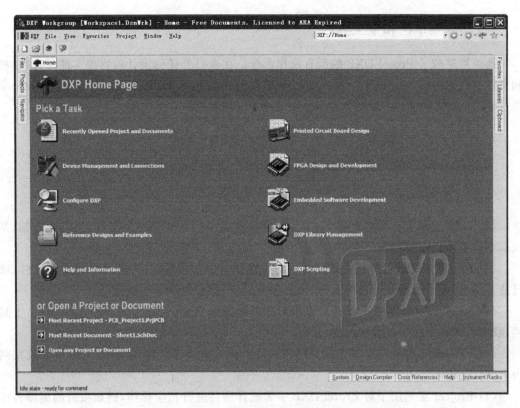

图 1.3　Protel DXP 的主窗口

1. Pick a Task 栏

- Recently Opened Project and Documents　最近打开的项目和文件。
- Printed Circuit Board Design　PCB(印制电路板)设计。
- Device Management and Connections　设备管理和连接。
- FPGA Design and Development　FPGA 设计与开发。
- Configure DXP　DXP 配置。
- Embedded Software Development　嵌入式软件开发。
- Reference Designs and Examples　参考设计和实例。
- DXP Library Management　DXP 库管理。
- Help and Information　帮助信息。
- DXP Scripting　DXP 脚本设计。

2. or Open a Project or Document 栏

- Most Recent Project　最近打开的设计项目。
- Most Recent Document　最近打开的文件。
- Open any Project or Document　打开任意设计项目或文件。

1.2.3　菜单栏和主工具栏

菜单栏集成了 Protel DXP 的所有操作命令。在未打开任何设计项目或文件时,菜单栏和主工具栏的内容如图 1.4 所示。此时菜单栏的内容包括 DXP 菜单、File 菜单、View 菜单、Favorites 菜单、Project 菜单、Window 菜单和 Help 菜单。

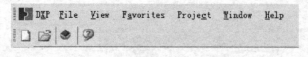

图 1.4　菜单栏和主工具栏

(1) DXP 菜单又称为系统菜单,为用户提供有关设计系统管理的设置,如资源定制、系统参数设置和权限设置等。

(2) File 菜单提供各种文件或项目的有关操作。例如新建、打开和保存相应的文件、项目或项目组,显示最近使用过的文件、项目和项目组,退出 Protel DXP 系统等。

(3) View 菜单主要用于设置工作界面的各种显示信息,例如设置各种工作面板、工具栏、状态栏和命令栏的显示状态等。

(4) Favorites 菜单可以将当前工作区的显示状态添加到收藏列表中,也可以从收藏列表中删除已添加的内容。

(5) Project 菜单用于对 Protel DXP 中的设计项目进行相应操作,例如项目的编译和添加,将文件加入项目和将文件从项目中删除等操作。

(6) Window 菜单用于对工作区窗口的管理,可以水平或垂直显示当前打开的多个文件窗口。

(7) Help 菜单用于打开关于 Protel DXP 的帮助信息。

主工具栏位于菜单栏的下面,主工具栏为用户提供了一种快捷方便的命令操作方式。菜单栏和主工具栏的内容随主窗口编辑环境的不同而发生变化。

1.2.4　Protel DXP 的工作面板

Protel DXP 使用了大量的工作面板,用户可以通过工作面板进行打开文件、浏览各个设计文件和编辑对象等操作。Protel DXP 提供的工作面板有 Files(文件)面板、Projects(项目)面板、Libraries(元件库)面板、Navigator(导航器)面板和 Compiled(编辑)面板等,可以通过工作面板标签打开各面板。Protel DXP 的工作面板标签会随着不同的设计系统或编辑状态而显示不同的内容。

工作面板的显示方式有 3 种:自动隐藏显示方式、锁定显示方式和浮动显示方式,3 种显示方式如图 1.5 所示。

在图 1.5(a)中,工作面板右上角的图标为 ![icon]( ),表示此时为自动隐藏显示方式。单击 ![icon]( )图标变成 ![icon]( ),此时为锁定显示方式,如图 1.5(b)所示。再单击 ![icon]( ),又回到自动隐藏显示方式。用鼠标拖动工作面板上方的标题栏到工作区的任何地方,可变成浮动显示方式,如图 1.5(c)所示。工作面板处于浮动显示状态时,在工作面板的标题栏上单击鼠标右键,在弹出的快捷菜单中选中 Allow Dock/Vertically 命令,如图 1.6 所示。然后拖动工作面板的标题栏到窗口最左侧,松开鼠标,工作面板即回到隐藏或锁定显示方式。

(a) 自动隐藏显示　　　　　　　(b) 锁定显示　　　　　　　(c) 浮动显示

图 1.5　工作面板的显示方式

工作面板的右上方还有一个 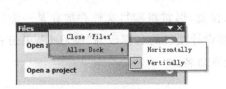 图标,单击此图标会弹出一个下拉菜单,如图 1.7 所示,选择某选项,可以打开同侧标签的其他工作面板。当处于自动隐藏显示方式时,将鼠标移到工作面板标签可以显示相应工作面板;当处于锁定显示方式时,用鼠标单击同侧某工作面板标签可以显示相应工作面板。

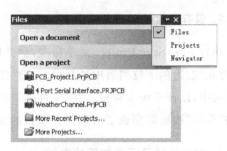

图 1.6　工作面板标题栏的快捷菜单　　　　　图 1.7　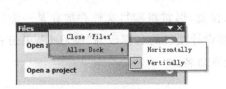图标下拉菜单

1.3　Protel DXP 的文件管理

Protel DXP 的电路设计以设计项目为中心,一个设计项目可以包含该设计中生成的一切文件,如原理图文件、PCB 文件、各种报表文件以及元件集成库等。多个设计项目可以构

成一个设计项目组(Project Group)。一个设计项目中的所有电路设计文件都具有与该项目文件同时打开以及文件之间的同步更新等功能。

除了设计项目集中管理的方式外,Protel DXP 也可以独立打开一个具体的设计文件,例如原理图文件或电路板文件等,这种方式打开的文件存放在 Free Document 文件夹下,此时文件无法建立与其他相关文件的连接与同步,不利于文件的集中管理和项目设计。因此对于一个正规的电路设计,应从建立设计项目开始逐步建立所有的设计文件,并以该设计项目统一管理并存放在专门建立的目录中。

下面通过具体实例介绍设计项目的建立和保存,设计项目中文件的创建、保存及删除,以及对已有设计项目或文件的打开和关闭等操作。

1. 新建一个 PCB 设计项目

执行 File/New/PCB Project 菜单命令,如图 1.8(a)所示。执行命令后,在 Project 工作面板上产生一个扩展名为.PrjPCB 的设计项目,该项目的默认文件名为 PCB_Project1,如图 1.8(b)所示。

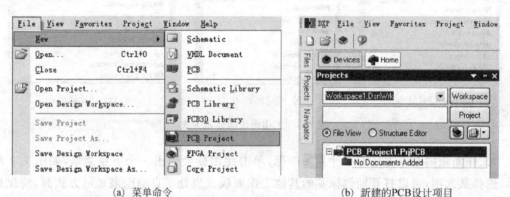

(a) 菜单命令   (b) 新建的PCB设计项目

图 1.8 新建 PCB 设计项目

2. 保存该设计项目并重命名

执行 File/Save Project 菜单命令,会弹出文件保存对话框,如图 1.9 所示。在此对话框"保存在"右边的下拉列表中选择项目文件的存放位置,通常将项目文件存放在某一专门的文件夹中,以便于统一管理。在"文件名"一栏中将设计项目的名称改为"练习1",单击右下角的"保存"按钮即完成了对该设计项目的保存及重命名。

3. 在设计项目下添加新的文件

在 Project 工作面板中,用鼠标选中要添加新文件的设计项目,然后执行菜单命令:File/New/Schematic,如图 1.10 所示,系统将在设计项目中生成一个原理图文件,默认文件名为 Sheet1.SchDoc。执行 File/Save 菜单命令,会继续弹出如图 1.9 所示的对话框。将此原理图文件存放在与设计项目所在的同一个文件夹中,输入原理图文件名称"练习1",单击"保存"按钮即可。

图 1.9　文件保存对话框

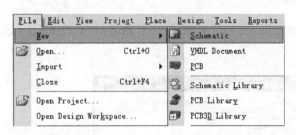

图 1.10　通过 File 菜单创建新文件

也可以将鼠标放在要创建新文件的设计项目上单击右键，在弹出的快捷菜单中选择 Add New to Project 选项，如图 1.11 所示，在其子菜单中选择 Schematic，来创建原理图文件。用同样的方法也可以创建其他文件，如 VHDL 设计文件、PCB 文件和 Sch 原理图元件库文件等。在设计项目中创建的新文件如图 1.12 所示。

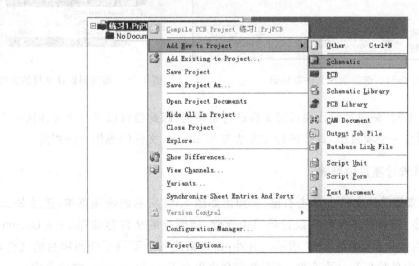

图 1.11　通过快捷菜单创建新文件

4. 将已存在的文件添加到设计项目中

将鼠标放到要添加文件的设计项目上单击右键,会弹出如图 1.13 所示的快捷菜单,选择 Add Existing to Project 命令,会弹出选择添加文件对话框,如图 1.14 所示。在此对话框中选择要添加的文件名称,单击右下角的"打开"按钮,该文件即被添加到设计项目中,如图 1.15 所示。用这种方法添加的文件可以在磁盘的任何位置,甚至是网络中的其他位置。

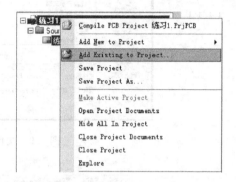

图 1.12　新建的原理图及 PCB 文件　　　　图 1.13　在设计项目中添加已存在的文件

图 1.14　选择添加文件对话框　　　　　　图 1.15　添加到设计项目的文件

由于 Protel DXP 是通过设计项目对文件进行管理的,因此也可以将一个文件从一个项目移动或复制到另一个项目中,具体的操作方法与 Windows 文件的操作方法相同。

5. 将文件从设计项目中删除

将鼠标放到要删除的文件上单击右键,会弹出如图 1.16 所示的快捷菜单,选择 Remove from Project 命令,即可将该文件从设计项目中删除,被删除的文件存放在 Free Document 文件夹中,称为自由文件,如图 1.17 所示。另外,如果新建一个不属于任何项目的文件,或在某一设计项目中单独打开一个文件,该文件也会出现在 Free Document 文件夹中。

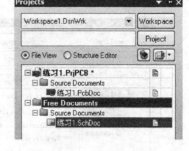

图 1.16 将文件从设计项目中删除 　　　　　 图 1.17 自由文件

6. 打开、关闭一个设计项目或文件

1) 打开设计项目或文件

执行菜单命令 File/Open,系统会弹出选择打开的文档对话框,如图 1.18 所示。或者在 Home 页视图的 or Open a Project or Document 栏中选择 Open any Project or Document,也可以打开如图 1.18 所示的对话框,在该对话框中按指定路径选择要打开的设计项目或文件即可。

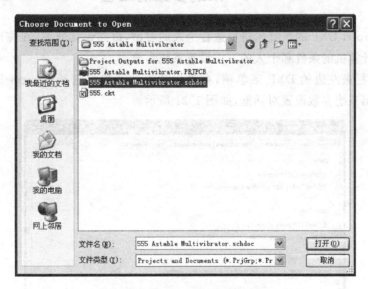

图 1.18 选择打开的文档对话框

2) 关闭设计项目

在 Project 工作面板中,将鼠标移到要关闭的设计项目上单击右键,会弹出如图 1.19 所示的快捷菜单,选择 Close Project 命令,可以关闭选中的设计项目,同时该项目中的所有文件将被一起关闭,并且提示用户是否保存对当前项目中文件所做的修改。

3) 关闭单个文件

关闭文件的方法有很多种。一是在 Project 工作面板中,右击要关闭的文件,在弹出的快捷菜单中选择 Close 命令,就可以关闭选中的文件了。二是在工作区上面已打开的文件标签中,右击要关闭的文件标签,会弹出如图 1.20 所示的快捷菜单,选择关闭该文件的命令即可。三是当文件在工作区处于打开状态时,执行菜单命令 File/Close,即可关闭该文件。

图 1.19　关闭设计项目　　　　　　　　图 1.20　通过文件标签关闭文件

1.4　系统参数的设置

为了使 Protel DXP 的系统风格更适合个人的习惯,提高设计效率,在使用 Protel DXP 时,可以根据计算机的条件和个人的习惯设置系统参数。

单击菜单栏最左边的 DXP 菜单项,在弹出的下拉菜单中选择 System Preferences 命令,此时会弹出系统参数设置对话框,如图 1.21 所示。

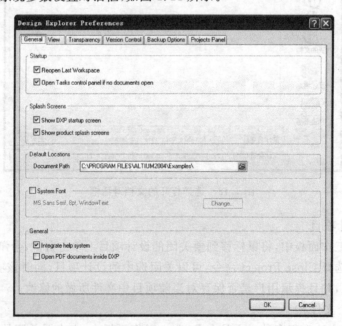

图 1.21　系统参数设置对话框

系统参数设置对话框共有6个标签页,分别为General(常规参数设置)标签页、View(视图参数设置)标签页、Transparency(透明参数设置)标签页、Version Control(版本控制)标签页、Backup Options(备份选项)标签页和Projects Panel(项目工作面板)标签页。下面分别介绍。

1.4.1 General 标签页

General 标签页如图 1.21 所示,它有 5 个区域:Startup 区域、Splash Screens 区域、Default Locations 区域、System Font 区域和 General 区域。其中各选项含义如下。

1. Startup 区域

- Reopen Last Workspace 设置在启动 Protel DXP 时,是否重新打开上次的工作区。
- Open Tasks control panel if no documents open 如果没有打开的文件时,是否打开任务控制面板。

2. Splash Screens 区域

- Show DXP startup screen 启动 Protel DXP 时,是否显示系统的启动画面。
- Show product splash screens 启动 Protel DXP 的各种软件工具(如原理图编辑器和 PCB 编辑器等)时,是否显示服务程序产品信息画面。

3. Default Locations 区域

该区域只有一个选项,用来设置 Protel DXP 各种设计文件保存的默认路径。系统默认的保存路径为 C:\Program Files\Altium 2004\Examples,单击按钮 可以选择其他路径。

4. System Font 区域

用来设置系统字体、字形和大小。选中该项后,单击右侧的按钮 Change... 可以打开"字体"对话框,可在该对话框中对系统字体、字形和大小进行设置。

5. General 区域

- Integrate help system Protel DXP 是否结合帮助系统。
- Open PDF document inside DXP 选中此项,则在打开 PDF 格式文件时,文件在 DXP 窗口打开。不选此项,则在打开 PDF 格式文件时,文件在弹出的新窗口中打开。

1.4.2 View 标签页

View 标签页如图 1.22 所示,它共有 6 个区域:Desktop 区域、Show Navigation Bar As 区域、General 区域、Popup Panels 区域、Favorites Panel 区域和 Documents Bar 区域。其中主要设置选项含义如下。

1. Desktop 区域

- Autosave desktop DXP 系统关闭时,是否自动保存自定义的桌面(工作区),系统

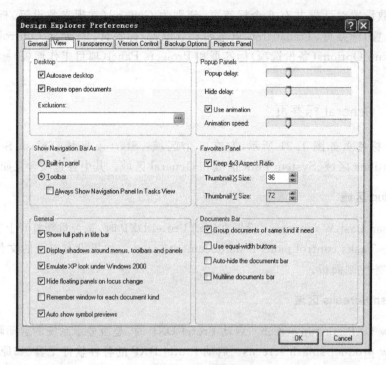

图 1.22 View 标签页

默认为选中状态。

- Restore open documents　DXP 系统关闭时,是否自动保存已打开的文件,以便下次启动时直接打开,系统默认为选中状态。也可以通过 Exclusions 选择框右边的按钮 ··· 打开选择文件种类对话框,选择不保存哪些格式的文件。

2. Show Navigation Bar As 区域

- Built-in panel　是否将导航器面板作为内嵌面板。
- Toolbar　是否将导航器面板作为工具栏。
- Always Show Navigation Panel In Tasks View 复选框　是否总是显示导航器面板,系统默认为不选中。

3. General 区域

- Show full path in title bar　选中该复选框,则在标题栏显示当前激活文件的全部路径。不选中,则标题栏只显示当前激活文件的名称。
- Display shadows around menus,toolbars and panels　是否在菜单栏、工具栏和工作面板周围显示阴影,以具有立体效果。
- Emulate XP look under Windows 2000　选中该项,则 Protel DXP 在 Windows 2000 下模拟 XP 的风格。

4. Popup panels 区域

- Popup delay　设置面板弹出的等待时间,向左移动滑块,等待时间变短;向右移动滑块,等待时间变长。

- Hide delay 设置面板隐藏的等待时间。
- Use animation 选中该项,则面板显示或隐藏时采用动画方式,同时可以通过调节 Animation speed 右边的滑块位置改变动画的速度。左移滑块速度加快,右移滑块速度减慢。

5. Favorites Panel 区域

该区域用来定义显示画面的高宽比,通常采用系统默认的 4×3 比例。如果不选择 4×3 比例,也可以自己调整。

6. Documents Bar 区域

- Group documents of same kind if need 是否根据需要将相同类别的文件进行归类。
- Use equal-width buttons 是否采用相同宽度的按钮。
- Auto-hide the documents bar 是否自动隐藏文档栏。

1.4.3 Transparency 标签页

Transparency 标签页如图 1.23 所示,其中各选项含义如下:

- Transparency floating windows 选中该项,则在调用一个交互式过程时,编辑区窗口的浮动工具栏和其他对话框将透明显示。

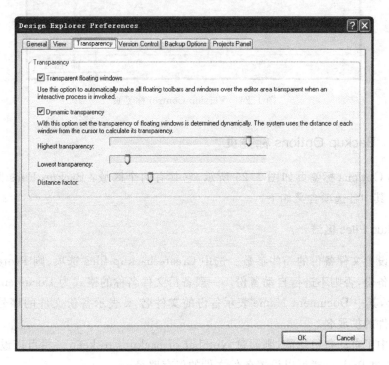

图 1.23 Transparency 标签页

• Dynamic transparency　选中该项,则系统将采用动态透明效果。

采用动态透明效果时,可以在 Highest transparency 选项中设置最高透明度,滑块右移,最高透明度增加。在 Lowest transparency 选项中设置最低透明度,滑块右移,最低透明度增加。Distance factor 选项可以设置光标距离浮动工具栏、浮动对话框或浮动面板距离多少时透明效果消失。

1.4.4　Version Control 标签页

Version Control 标签页如图 1.24 所示,该标签页只有一个选项,用来设置是否启动 Protel DXP 的版本控制系统。

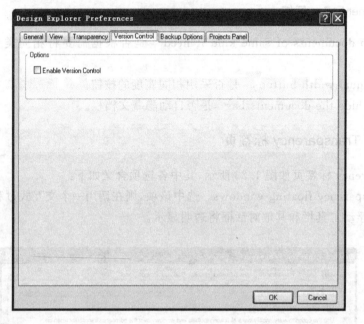

图 1.24　Version Control 标签页

1.4.5　Backup Options 标签页

Backup Options 标签页如图 1.25 所示,它共有两个区域:Backup Files 区域和 Auto Save 区域。其中各选项含义如下。

1. Backup Files 区域

该区域设置文件备份的一些参数。选中 Create backup files 选项,则 Protel DXP 对文件进行自动备份,否则不进行自动备份。一般备份文件名称的格式为 Document Name(x).～Extension,其中 Document Name 表示备份的文件名,x 表示备份文件的序号,Extension 表示备份文件的扩展名。

如果选中了自动备份功能,则通过 Number of backups to keep 一栏可以设置备份文件的备份数,通过 Path 一栏可以设置备份文件的保存路径。

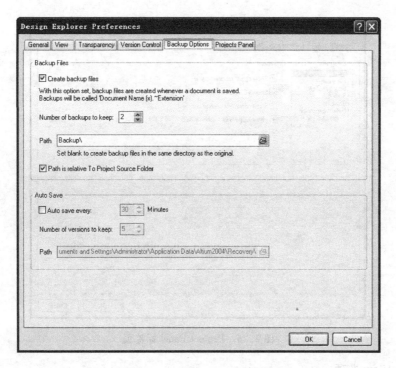

图 1.25　Backup Options 标签页

2. Auto Save 区域

设置系统是否采用自动保存的功能。如果启动了自动保存功能，则可以通过 Auto save every 右边的增减按钮来设置自动保存的时间间隔。通过 Number of versions to keep 来设置自动保存的版本数。通过 Path 一栏设置保存文件的路径。

1.4.6　Projects Panel 标签页

Projects Panel 标签页如图 1.26 所示，它用来对项目工作面板进行设置。在对话框左边的 Categories 区域共有 7 个选项，下面分别介绍。

1. General 选项

该选项用于设置在项目管理面板中显示的状态信息。

- Show open/modified status　是否在项目面板上显示各文件被打开、编辑等状态。
- Show VCS status　是否在项目面板上显示各设计文件的 VCS（版本控制系统）状态。
- Show document position in project　是否在项目面板上显示各文件在设计项目中的位置。
- Show full path information in hint　当光标指向设计文件时，是否在提示信息内显示文件的完整路径。
- Show Grid　是否在项目面板上显示网格。

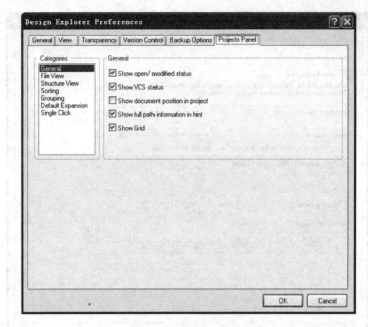

图1.26　Project Panel 标签页

2. File View 选项

在图 1.26 的 Categories 区域选中 File View 选项时,该对话框会显示出该选项对应的设置内容,其设置内容有如下两项:

- Show Project Structure　是否在项目面板上显示项目文件结构。
- Show Document Structure　是否在项目面板上显示文件结构。

3. Structure View 选项

该选项用于设置在项目管理面板中显示的状态信息。

- Show Documents　是否显示文件。
- Show Sheet Symbol　是否显示图纸符号。
- Show Nexus Components　是否显示连接元件。

4. Sorting 选项

该选项用于设置项目工作面板中项目文件的排列次序,包括以下单选项:

- Project order　使设计项目中的文件按照添加到项目中的次序进行排列。
- Alphabetically　使设计项目中的文件按照字母次序进行排列。
- Open/modified status　使设计项目中的文件按照打开、编辑的次序进行排列。
- VCS status　使设计项目中的文件按照 VCS 状态进行排列。
- Ascending　使设计项目中的文件按照升序进行排列。

5. Grouping 选项

该选项用于设置项目工作面板中的分组形式,包括以下单选项:

- Do not group 对设计项目中的文件不进行分组管理。
- By class 将设计项目中的文件按类别进行分组管理。
- By document type 对设计项目中的文件按照文件类型进行分组管理。

6. Default Expansion 选项

该选项用于设置项目工作面板中默认的展开信息,包括以下单选项:

- Fully contracted 全部压缩。
- Expanded one level 只展开一层。
- Source files expanded 对源文件展开。
- Fully expanded 全部展开。

7. Single Click 选项

该选项用于设置在项目工作面板中单击鼠标左键时实现的功能,包括以下单选项:

- Does nothing 不发生任何动作。
- Activates open documents/objects 单击项目面板上的某个已打开的文件或项目时将激活该文件或项目。
- Opens and shows documents/objects 单击项目面板上某个未打开的文件或项目时,将打开该文件或项目。

1.5 小 结

(1) 介绍了 Protel DXP 的基础知识,包括 Protel DXP 的新特性以及 Protel DXP 设计系统的组成。

(2) 介绍了启动 Protel DXP 的方法,主窗口工作区 Home 页视图,菜单栏和主工具栏,工作面板等内容。

(3) 介绍了 Protel DXP 的文件管理方法,并通过实例介绍了设计项目的建立和保存,设计项目中文件的创建、保存及删除,以及已有设计项目或文件的打开和关闭等操作。

(4) Protel DXP 系统参数的设置,介绍了 6 个标签页中系统参数设置选项的含义。

习 题 1

1.1 Protel DXP 设计系统由哪几部分组成?

1.2 启动 Protel DXP 的方法有哪几种?

1.3 Protel DXP 中工作面板的显示方法有哪几种? 如何改变这几种显示方式?

1.4 在主窗口的 Home 视图中,选择 Printed Circuit Board Design 任务,在打开的 Printed Circuit Board Design 页面上选择 Getting Started with PCB Design(Tutorial)文档 (PDF 格式),了解获得 Protel DXP 学习资料的方法。

1.5 按照 1.3 节的讲解顺序,上机练习设计项目的建立与保存,设计项目中文件的创建、保存及删除,以及已有设计项目或文件的打开和关闭等操作。

第2章

原理图设计快速入门

本章学习目标

- 了解 Protel DXP 电路原理图的设计流程；
- 认识原理图编辑器，掌握原理图编辑器的显示画面管理命令；
- 了解原理图设计环境的设置，包括图纸的设置及环境参数的设置；
- 初步掌握原理图设计的基本方法。

原理图设计是电子产品设计的基础，Protel DXP 具有强大的原理图编辑功能，用户可以方便、快捷地绘制出正确的原理图。本章主要介绍原理图设计的基础知识，包括原理图的设计流程、原理图编辑器介绍及其显示画面的管理、原理图设计环境的设置，最后通过一个原理图设计实例快速浏览原理图的整个设计过程。

2.1 电路原理图设计流程

电路原理图的设计流程如图 2.1 所示。其中各部分工作的主要任务如下。

1. 创建项目文件和原理图

在设计原理图之前，首先要创建一个新的设计项目，然后在该设计项目中再创建一个新的原理图文件。

2. 设置工作环境

在进行原理图设计之前必须根据实际电路的复杂程度来设置图纸的大小，设置图纸的过程实际就是一个建立工作平面的过程，用户可以设置图纸的大小、图纸放置的方向、图纸网格及标题栏等内容。

3. 加载元件库

根据需要将元件库加载到当前的设计系统中，为放置元器件做准备。

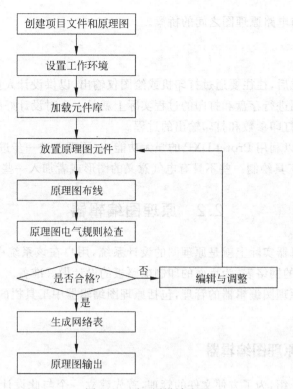

图2.1 原理图设计流程

4．放置原理图元件

根据电路需要，将元件从元件库中取出放置到图纸上。用户可以根据元件之间的走线情况在工作平面上对其位置进行调整，并对元件标号和元件值等属性进行编辑。

5．原理图布线

对放置在图纸上的元件用具有电气意义的导线和符号连接起来，构成一个完整的电路原理图。

6．原理图电气规则检查

当完成原理图布线后，需要进行电气规则检查，检查电路设计是否符合电气要求，进而根据错误检查报告修改优化原理图。

7．编辑与调整

这一过程，用户可利用 Protel DXP 提供的各种功能对所绘制的原理图做进一步调整和修改，以保证原理图的正确和美观。包括对元件位置的重新调整，移动导线的位置，删除多余导线，更改图形尺寸、属性及排列等内容。

8．生成网络表

完成原理图设计后，需要生成一个网络表文件，以便进一步进行电路板的设计。网络表是联系印制电路板与电路原理图之间的桥梁。

9. 原理图输出

原理图设计完成后,往往要通过打印机或绘图仪输出,以供设计人员参考、交流和存档。对设计完成的原理图进行存盘和打印的过程实际上就是一个对设计好的图形文件输出的管理过程,是一个设置打印参数和打印输出的过程。

另外,用户还可以利用 Protel DXP 的强大功能,对原理图进一步进行补充完善,如利用 Protel DXP 的绘图工具绘制一些不具有电气意义的图形或者加入一些文字说明等。

2.2　原理图编辑器

电路原理图编辑器实际上就是原理图的设计系统,用户在该系统中可以进行电路原理图的设计,生成相应的网络表,为后面的印制电路板的设计做好准备。

本节介绍电路原理图编辑器的管理,包括原理图编辑器中工具栏的打开与关闭,显示画面的管理等操作。

2.2.1　进入原理图编辑器

按照第 1 章的介绍,为了方便文件的管理,首先建立一个与此设计有关的文件夹,路径为 D:/Protel DXP 练习。

(1) 新建一个设计项目,执行 File/New/PCB Project 菜单命令,执行命令后,在 Project 工作面板上会产生一个扩展名为 PrjPCB 的设计项目,该项目的默认文件名为 PCB_ Project1。

(2) 执行 File/Save Project 菜单命令,将该设计项目保存在指定文件夹中,并将设计项目的名称改为“练习 1”。

(3) 在新建的设计项目中创建一个原理图文件,保存该原理图文件并将文件改名为“练习 1”。创建原理图文件后的项目工作面板如图 2.2 所示。在新建原理图文件的同时,工作区显示的是原理图编辑器界面,如图 2.3 所示。

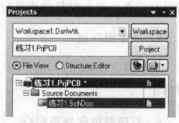

图 2.2　创建原理图文件后的
项目工作面板

2.2.2　菜单栏

原理图编辑器中的菜单栏如图 2.4 所示,它在系统界面的基础上又增加了新的菜单项。各菜单项的主要内容如下:

- File 菜单　提供各种文件或项目的新建、打开、保存和打印等命令,显示最近使用过的文件、项目和项目组,退出 Protel DXP 系统等操作。
- Edit 菜单　用于图纸上对象的各种编辑,如复制、粘贴、查找、选取、移动、排列和删除等操作。

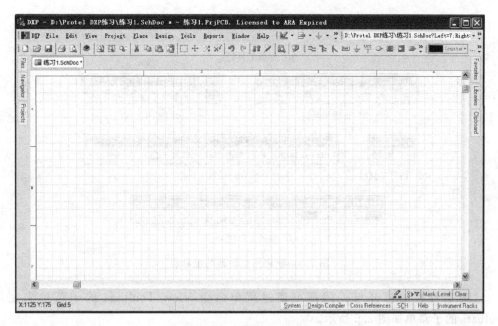

图 2.3 原理图编辑器

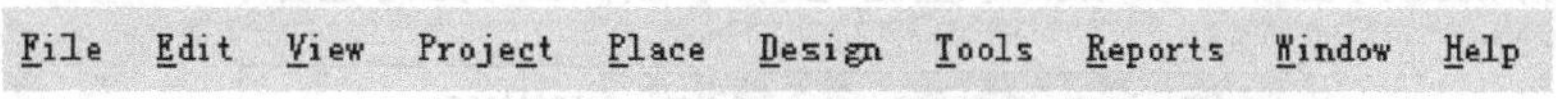

| File | Edit | View | Project | Place | Design | Tools | Reports | Window | Help |

图 2.4 原理图编辑器的菜单栏

- View 菜单　用于设置工作界面的各种显示信息,包括编辑窗口的放大和缩小等命令,各种工具栏、工作面板、状态栏和命令栏的打开与关闭命令,图纸网格的设置等。
- Project 菜单　用于对 Protel DXP 中的设计项目进行相应的操作,例如项目的编译和添加,将文件加入项目和将文件从项目中删除等操作。
- Place 菜单　用于放置元件及各种电气和非电气连接特性的符号。
- Design 菜单　用于与元件库和网络表相关的各种操作,以及与层次原理图设计相关的各种操作。
- Tools 菜单　为原理图设计提供各种工具,包括元件的查找、参数设置、元件编号、信号完整性分析以及与 FPGA 设计相关的操作等。
- Reports 菜单　用于对设计的原理图生成各种报表文件。
- Window 菜单　用于对工作区窗口的各种操作。
- Help 菜单　用于打开帮助信息。

2.2.3　工具栏

原理图编辑器中常用的工具栏有 Schematic Standard(标准工具栏)、Wiring(布线工具栏)、Utilities(实用工具栏)、Mixed Sim(仿真工具栏)、Navigation(导航工具栏)和 Formatting(格式工具栏),如图 2.5 所示。在图 2.3 中用鼠标左键按住工具栏左侧的图标 ,可以将工具栏拖到工作区的任何地方。

(a) 标准工具栏

(b) 布线工具栏　　　　　　(c) 实用工具栏

(d) 仿真工具栏　　　(e) 导航工具栏

(f) 格式工具栏

图 2.5　原理图编辑器的工具栏

这些工具栏的打开与关闭都可通过菜单命令 View/Toolbars 的子菜单来完成，Toolbars 的子菜单如图 2.6 所示。

Toolbars 子菜单中的所有操作命令执行一次，工具栏的打开与关闭状态就切换一次。并且所有打开的工具栏都可以用鼠标左键拖动到工作区的任何地方。

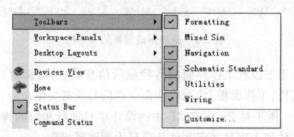

图 2.6　View/Toolbars 子菜单

2.2.4　原理图编辑器的画面管理

原理图编辑器中有关画面的管理命令都集中在 View 的下拉菜单中，如图 2.7 所示。其中各项命令含义如下：

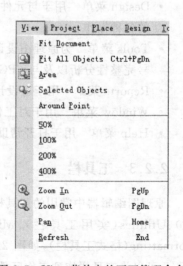

图 2.7　View 菜单中的画面管理命令

- Fit Document　显示整张图纸的命令。
- Fit All Objects　显示图纸上的全部对象。
- Area　区域放大命令，执行此命令后光标变成十字形，移动光标至目标区域的一角并单击鼠标左键，再移动光标至目标区域的另一对角单击鼠标左键，即可放大所框选区域。
- Selected Objects　显示图纸上被选取的对象。
- Around Point　以点为中心的区域放大命令，执行此命令后光标变为十字形，移动光标至目标区域的中央并单击鼠标左键,再移动光标使目标区域处于虚框内并单击即可放大所框选区域。

- 50％,100％,200％,400％ 以不同比例显示图纸的命令。
- Zoom In 放大命令。
- Zoom Out 缩小命令。
- Pan 移动画面命令。执行此命令前,先将光标移到目标点,然后执行此命令,目标点位置就会移动到工作区的中心位置显示。
- Refresh 更新画面命令。在对原理图上的对象进行编辑操作的过程中,有时会造成画面出现斑点或图形变形等问题,因此需要对画面进行更新。执行该命令后,画面上的斑点或变形问题即可消除。

图 2.7 菜单中命令左边的图标,与标准工具栏的命令图标相对应。另外在 View 的下拉菜单中还有一些显示状态的切换命令,如图 2.8 所示。其中各命令的含义如下:

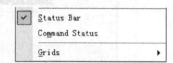

- Status Bar 状态栏的打开与关闭命令。
- Command Status 命令状态栏的打开与关闭命令。

图 2.8 View 菜单中显示状态的切换命令

- Grids 关于图纸网格的设置,它的子菜单共有 4 个
  选项。Toggle Visible Grid(可视网格的切换命令)、Toggle Snap Grid(锁定网格的切换命令)、Toggle Electrical Grid(电气网格的切换命令)和 Set Snap Grid(设置锁定网格的大小)。关于网格的具体含义及设置方法将在 2.3.1 节中详细介绍。

Grids 子菜单中的命令与实用工具栏图标 ▦ ▾ 下的命令相同。

2.3 原理图设计环境设置

在进行原理图设计之前需要对设计环境进行设置。原理图环境的设置包括图纸的设置、网格和光标的设置、标题栏类型的设置及环境参数的设置等。

2.3.1 图纸的设置

在编辑原理图之前,要根据原理图的复杂程度选择合适的图纸大小、图纸放置方向以及标题栏类型等。关于图纸的设置在 Document Options(文档选项)对话框中进行,执行菜单命令:Design/Document Options,或在原理图图纸上单击鼠标右键,在弹出的快捷菜单中选择 Document Options 命令,即可打开文档选项对话框,如图 2.9 所示。

该对话框有两个标签页,其中 Sheet Options 标签页用于图纸的设置;Parameters 标签页用于图纸设计信息的设置,包括设计者或公司名称、地址、核实者姓名、原理图作者、绘制日期及文件版本号等与电路设计相关的信息。下面介绍 Sheet Options 标签页中各选项的设置。

1. Template 区域

该区域显示当前原理图使用的模板文件。通过菜单命令 Design/Template/Set Template

File Name 可以修改当前原理图使用的模板文件。

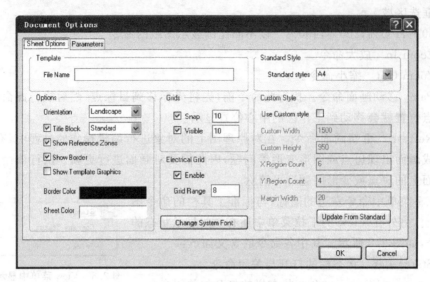

图 2.9 文档选项对话框

2. Options 区域

- Orientation 设置图纸的放置方向，右边的下拉列表中有两个选项：Landscape(横向放置)和 Portrait(纵向放置)。

- Title Block 设置是否显示图纸标题栏，右边的下拉列表中提供了两种标题栏类型：Standard(标准型标题栏格式)和 ANSI(美国国家标准协会制定的标题栏格式)。如果用户需要自定义标题栏，则应取消 Title Block 复选框的选中状态。

- Show Reference Zones 设置是否显示图纸的参考边框。

- Show Border 设置是否显示图纸的边框。

- Show Template Graphics 设置是否显示图纸模板的图形信息。

- Border Color 设置图纸边框的颜色，默认设置为黑色。单击 Border 右侧的颜色框，可以打开 Choose Color(选择颜色)对话框，如图 2.10 所示。该对话框有 Basic(基本颜色)、Standard(标准颜色)和 Custom(用户自定义颜色)3 个标签页可供选择。Basic 标签页中列出了当前原理图可用的 239 种颜色，用户可直接在该标签页的 Colors(颜色)列表框中选择所需要的颜色。如果用户希望自定义颜色时，可以在 Standard 或 Custom 标签页中进行设置，调出自己满意的颜色后，单击 OK 按钮即可。

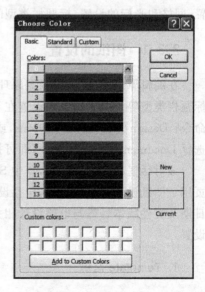

图 2.10 选择颜色对话框

- Sheet Color 设置图纸的背景颜色。要更改颜色时,单击右边的颜色框,同样可以打开选择颜色对话框,然后选择新的背景颜色。

3. Grids 区域

- Snap 用于锁定网格的设置,选定该项可使光标以该项右侧窗口中显示的数值为基本单位移动。窗口中的数字 10(其单位为 mil,1mil＝0.001in)表示光标移动的最小单位为 0.01in。选中该项时,可以根据需要修改其右侧窗口的数值。
- Visible 用于可视网格的设置,选中该项可使图纸界面上显示可视的网格。其右侧窗口的数值表示可视网格的间距。

4. Electrical Grid 区域

该区域用来设置自动寻找电气节点的功能。如果选中 Enable 复选框,则系统在画导线时,会以光标为中心,以 Grid Range 一栏中设定的值为半径,自动搜索电气节点,当光标移到电气节点附近(以 Grid Range 一栏中设定的值为半径的范围内),光标会自动跳到电气节点上,此时光标上出现一个红色的十字,从而保证了连线的准确性。

5. Standard Style 区域

该区域用来进行标准图纸的设置,Standard Styles 下拉列表框内显示了当前正在使用的图纸规格。单击右侧的下拉按钮 ✓,在弹出的下拉列表内可以选择所需图纸的类型。

Protel DXP 原理图编辑器提供的标准图纸类型有:公制尺寸规格:A0,A1,A2,A3,A4(其中 A4 最小);英制尺寸规格:A,B,C,D,E(其中 E 号图纸最小);OrCAD 图纸规格:OrCADA,OrCADB,OrCADC,OrCADD,OrCADE;其他规格图纸:Letter,Legal,Tabloid。

6. Custom Style 区域

该区域用于自定义图纸的设置。如果标准图纸尺寸不能满足要求,用户可以采用自定义图纸尺寸,首先选中 Use Custom Style 复选框,图纸规格便由 Custom Style 区域的有关参数确定,如下所示。

- Custom Width 设置自定义图纸的宽度。
- Custom Height 设置自定义图纸的高度。
- X Region Count 设置水平参考边框等分数。
- Y Region Count 设置垂直参考边框等分数。
- Margin Width 设置图纸边框的宽度。
- Update From Standard 按钮 在选择标准图纸类型时,单击该按钮,可以将标准图纸的尺寸对自定义图纸的设置进行更新。在选中自定义图纸状态下,则从标准图纸中更新数据无效。

7. Change System Font 按钮

单击该按钮会弹出字体对话框,如图 2.11 所示。在该对话框中可以对系统的字体、字形、大小和颜色等进行设置。

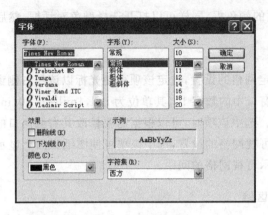

图 2.11　字体对话框

2.3.2　环境参数的设置

原理图环境参数的设置包括光标形状和大小,可视网格形状和颜色,光标移动方式及屏幕刷新方式等设置内容。环境参数的设置在 Preferences(参数选择)对话框中进行。执行菜单命令：Tools/Schematic Preferences,或在当前图纸上右击,在弹出的快捷菜单中选择 Preferences 命令,即可打开参数选择对话框,如图 2.12 所示。现将该对话框的主要设置内容介绍如下。

图 2.12　参数选择对话框

1. Schematic 标签页

1) Options 区域

• Drag Orthogonal　设置元件在进行 Drag(拖动)操作时,导线的连接方式。选中该项,则在对原理图上的元件进行 Drag(拖动)操作时,元件上的连线保持正交性(连线转折处呈 90°角);若未选中该项,则拖动元件时连线以任意角度移动。

- Optimize Wires & Buses 优化导线和总线。选中该项,则在进行导线和总线连接时,系统会自动选择最优路径,并避免各种电气连线和非电气连线的相互重叠。

- Components Cut Wires 该项只有在 Optimize Wires & Buses 选中的情况下才能进行选择,选中此项后,元件具有自动切割导线的功能,即放置元件时,元件的两个引脚如果落在同一段导线上,则元件会将导线切割成两段,两个端点分别与元件的两个引脚相连。

- Enable In-Place Editing 设置是否允许直接编辑。选中该项时可以对原理图中的文本对象进行直接编辑,例如用鼠标选中元件标号,就可以对元件标号直接进行编辑。

- Ctrl+Double Click Opens Sheet 如果选中该项,则在进行层次原理图设计时,按住 Ctrl 键,同时双击原理图中的方块电路即可打开相应的模块原理图。

- Convert Cross-Junctions 设置是否允许转换交叉节点。选中该项,则向 T 形连接的三根导线交叉处再添加一根导线时,系统自动将四根导线的连接形式转换为两个三线的连接。不选此项,则四根导线将被视为两根电气上不相连的导线。

- Display Cross-Overs 设置是否显示跨接线。选中该项,非电气连线的十字交叉处会以半圆弧形式显示跨接状态。

- Pin Direction 设置是否显示引脚方向。选中该项,则元件的引脚会以三角箭头表示出引脚的输入、输出特性。

- Sheet Entry Direction 在层次原理图设计中,设置是否显示方块电路端口的入口方向。选中该项时,端口的类型由其输入、输出特性决定,与 Style 栏的设置无关。

- Port Direction 设置是否显示端口的入口方向。选中该项时,端口类型由其输入、输出特性决定,与 Style 栏的设置无关。

- Unconnected Left To Right 选中该项时,未连接的输入、输出端口显示为从左到右的方向。

2) Include with Clipboard and Prints 区域

该区域用来设置在进行复制、剪切或打印操作时,是否将以下内容一同被复制或打印。

- No-ERC Markers No-ERC 标记。选中该项,则用户在执行复制或打印操作时,对象的 No-ERC 标记将随对象被复制或打印。否则,复制或打印不包括 No-ERC 标记。

- Parameter Sets 对象的参数设置。选中该项,则用户在执行复制或打印操作时,对象的参数设置将随对象被复制或打印。否则,复制或打印不包括对象参数。

3) Auto-Increment During Placement 区域

- Primary 设置在原理图上连续放置某一元件时,元件序号的自动增量数。

- Secondary 设置绘制原理图元件时,引脚编号的自动增量数。

4) Alpha Numeric Suffix 区域

该区域用于设置多子元件标号的扩展名类型。如果选中 Alpha,则以字母 A,B 等表示扩展名;如果选择 Numeric,则以数字 1,2 等表示扩展名。

5）Pin Margin 区域

• Name 设置元件的引脚名称与元件符号边缘的间距。

• Number 设置元件的引脚编号与元件符号边缘的间距。

6）Default Power Object Names 区域

该区域用来设置不同类型电源端子的默认网络名称，包括3个选项：Power Ground（电源地）、Signal Ground（信号地）和 Earth（地）。

7）Document scope for filtering and selection 区域

该区域用来设置过滤器和执行选择功能的默认文件范围，共有两个选项：Current Document（当前文档）和 Open Documents（所有打开的文档）。

8）Default Blank Sheet Size 区域

该区域用来设置新建原理图文件时默认空白图纸的大小。可以从下拉列表中选择图纸规格。

9）Default Template Name 区域

该区域用来设置默认的图纸模板文件，单击右边的 Browse 按钮，可以在打开的对话框中选择图纸模板文件。当一个模板文件被设置为默认值后，每次创建一个原理图文件时，系统就会自动套用该模板。

2. Graphical Editing 标签页

Graphical Editing 标签页如图 2.13 所示。该标签页用来设置与图形编辑有关的参数，具体内容设置如下：

1）Options 区域

• Clipboard Reference 选中该项，在执行复制或剪切操作时，系统会要求通过鼠标确定一个参考点。

图 2.13 Graphical Editing 标签页

- Add Template to Clipboard　在执行复制或剪切操作时,是否将图纸的模板文件信息一同添加到剪贴板上,通常不选此项。
- Convert Special Strings　设置是否转换特殊字符串。选中该项,当原理图中放置特殊字符串时,会转换成相应的内容显示在原理图中。
- Center of Object　当移动或拖动对象时,光标是否会跳到对象的参考点或中心。该选项必须在取消对 Object's Electrical Hot Spot 的选择时,才能起作用。
- Object's Electrical Hot Spot　选中该项,在移动或拖动对象时,光标会跳到距离鼠标单击位置最近的电气点上移动对象。
- Auto Zoom　设置插入组件时,原理图是否可以自动调整显示比例,以适合显示该组件。
- Single'\'Negation　选中该项,则在输入网络名称时,只要在第一个字符前加一个"\"符号,就可以在该网络名称上全部加上横线。
- Double Click Runs Inspector　选中该项,则用鼠标双击原理图上某一对象时,弹出的不是该对象的属性对话框,而是 Inspector 对话框。
- Confirm Selection Memory Clear　选中该项,在清除所选内容所占内存时,系统会弹出一个确认对话框。否则不会。
- Mark Manual Parameters　该项默认为选中状态,用来显示辅助参数。
- Click Clears Selection　设置鼠标单击图纸任意位置时是否取消对象的选中状态。
- Shift Click To Select　设置是否在按住 Shift 键时单击鼠标才能选取对象。

2) Color Options 区域

该区域用来设置颜色,包括两个颜色设置项,其中 Selections 项用来设置被选取对象在屏幕上的显示颜色; Grid Color 项用来设置可视网格的颜色。

3) Auto Pan Options 区域

该区域用于设置自动摇景(编辑区的移动方式)功能。摇景在光标呈十字形并处于窗口边缘时自动产生,等同于屏幕滚动。

当光标呈十字形并处于编辑区窗口的边缘时,原理图编辑器窗口将根据该区域设定的移动方式自动调整编辑区的显示位置,其中各选项含义如下:

- Style　用于设置自动摇景的类型,共有 3 种选择: Auto Pan Off(关闭自动摇景功能)、Auto Pan Fixed Jump(摇景时光标始终保留在窗口的边缘处)及 Auto Pan ReCenter(摇景时光标随即跳到窗口的中央)。
- Speed　设置自动摇景的速度,滑块越向右移,摇景速度越快。
- Step Size　设置摇景步长,系统默认值为 30,相当于 0.03in。
- Shift Step Size　设置摇景时按下 Shift 键后的摇景步长,系统默认值为 100,可见,摇景时按下 Shift 键,可以加快图纸移动的速度。

4) Cursor Grid Options 区域

该区域用来对光标类型和可视网格的种类进行设置。

- Cursor Type　用来设置光标类型,共有 3 个选项: Large Cursor 90(大 90°光标)、Small Cursor 90(小 90°光标)和 Small Cursor 45(小 45°光标)。3 种光标的类型如图 2.14 所示。

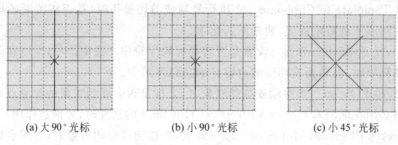

(a) 大90°光标　　　　　　　(b) 小90°光标　　　　　　　(c) 小45°光标

图 2.14　3 种光标类型

- Visible Grid　设置可视网格的种类,共有两个选项:Dot Grid(点状网格)和 Line Grid(线状网格)。

5) Undo/Redo 区域

该区域用来设置撤销与恢复操作的次数,默认数值为 50 次。

3. Default Primitives 标签页

Default Primitives 标签页如图 2.15 所示。该标签页用来设置原理图上对象属性的原始默认值。其中的各设置项如下:

1) Primitive List 区域

该区域的下拉列表列出了原理图上所有对象的类型,选择某一类型后,该类型所包含的对象将在 Primitives 列表框中显示。下拉列表中的内容有以下 6 个。

- All　全部对象。
- Wiring Objects　由布线工具栏放置的所有对象。

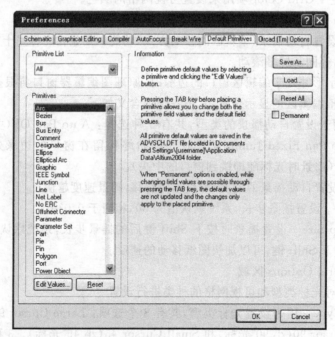

图 2.15　Default Primitives 标签页

- Drawing Objects　由画图工具栏放置的所有对象。
- Sheet Symbol Objects　绘制层次原理图时与模块电路有关的所有对象。
- Library Objects　与元件库有关的对象。
- Other：以上类型中没有包括的其他对象。

2）Primitives 区域

在 Primitives 列表框中选择要编辑的对象，例如选中 Arc（圆弧），双击该对象，或单击 Edit Values 按钮，可以打开圆弧属性设置对话框，如图 2.16 所示。在该对话框中可以对圆弧属性参数的默认值进行设置，设置完成单击 OK 按钮退出。单击 Primitives 列表框下面的 Reset 按钮可以将选中对象的默认属性恢复到系统的最初设置。

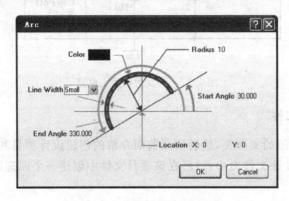

图 2.16　圆弧属性设置对话框

3）其他功能按钮

- Save As　当对象的默认属性设置完毕后，单击该按钮，会弹出文件保存对话框，可以保存对象属性的默认设置。默认的文件扩展名为 .dft。
- Load　加载对象属性的默认设置。要使用以前曾经保存过的默认设置，单击该按钮，会弹出打开文件对话框，选择一个对象属性的默认设置文件就可以加载对象属性的默认设置。
- Reset All　单击该按钮，所有对象的默认属性将恢复到系统的初始默认设置。
- Permanent 复选框　选中该项，在原理图编辑环境下每次放置对象时，其属性保持原始属性；不选该项，则在原理图编辑环境下放置对象时，如果按 Tab 键修改了对象的属性，下次再放置该对象时，其属性将保持修改后的值。

2.4　原理图设计实例

本节将通过一个简单的例子引导读者快速了解原理图设计的基本过程，在此不涉及过多的细节，有关原理图设计的详细内容将在第 3 章中介绍。

如图 2.17 所示为共发射极放大电路，下面以该电路为例介绍原理图设计的基本过程。

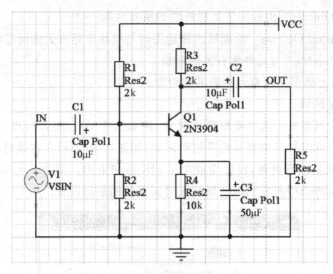

图 2.17　共发射极放大电路

1. 创建原理图文件

首先建立一个专门的文件夹，然后按照前面介绍的创建设计项目和文件的方法，创建一个项目文件，并保存在该文件夹中，然后在该项目文件中创建一个原理图文件。

2. 添加元件库

执行菜单命令 Design/Browse Library，或单击工作窗口右侧的 Libraries 面板标签，即可打开 Libraries 面板，如图 2.18 所示。通过 Libraries 面板可以进行元件库的添加与删除，元件的查找以及在原理图上放置元件等操作。

在 Libraries 面板中，单击 Libraries 按钮可以打开 Available Libraries(可用的元件库)对话框，如图 2.19 所示。在该对话框的 Installed 标签页中单击 Install 按钮，弹出"打开库文件"对话框，如图 2.20 所示。

在如图 2.20 所示的对话框的查找范围框中选择元件库所在的文件路径，默认的路径为：C:\Program Files\Altium 2004\Library 文件夹下，在 Library 文件夹中选择 Miscellaneous Devices. IntLib 元件库，单击"打开"按钮，即可完成元件库的加载。

用同样的方法加载 Library\Simulation\Simulation Sources. IntLib 元件库。

3. 放置元件

在如图 2.18 所示的 Libraries 面板上面的元件库列表框中选中 Miscellaneous Devices. IntLib 元件库，然后在 Component Name 区域中，选择电阻元件 Res2，然后

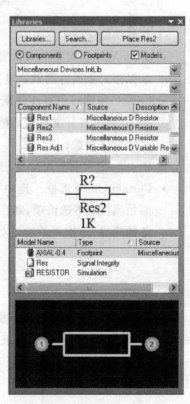

图 2.18　Libraries 面板

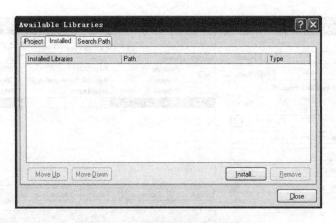

图 2.19　可用的元件库对话框

图 2.20　打开库文件对话框

单击工作面板上面的 Place Res2 按钮,屏幕上会出现一个随着十字光标移动的元件,此时处于放置元件状态,如图 2.21 所示。

　　此时,按空格键可使元件按逆时针方向旋转 90°,按 X 键或 Y 键可使元件在 X 轴或 Y 轴方向镜像翻转,按 Tab 键可打开如图 2.22 所示的 Component Properties(元件属性)设置对话框,在此对话框中可以编辑元件属性。按表 2.1 对元件属性进行编辑,在对话框的 Designator 一栏中将元件的标号改为 R1,在 Value 一栏输入元件值 2kΩ,设置完毕后单击 OK 按

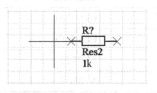

图 2.21　放置元件状态

钮。放置元件只需将光标移到原理图的适当位置,单击鼠标左键即可。完成一个元件的放置后,系统仍处于放置元件状态,可以继续放置其他电阻元件,如果要退出放置元件状态,右击即可。

　　按同样的方法放置其他元件,按表 2.1 编辑元件的属性。注意表 2.1 中的元件 VSIN 在 Simulation Sources. IntLib 元件库中。

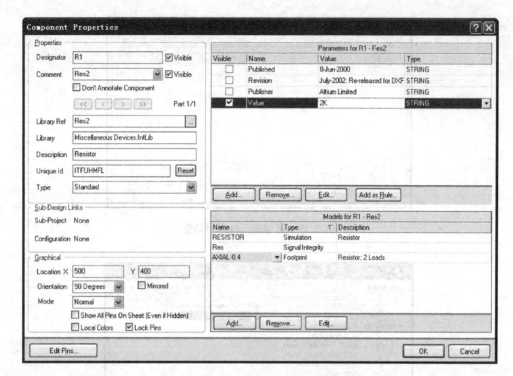

图 2.22　元件属性设置对话框

表 2.1　共发射极放大电路元件列表

元件名称 Library Ref	元件标号 Designator	元件值 Value
Res2	R1	$2k\Omega$
Res2	R2	$2k\Omega$
Res2	R3	$2k\Omega$
Res2	R4	$10k\Omega$
Res2	R5	$2k\Omega$
Cap Pol1	C1	$10\mu F$
Cap Pol1	C2	$10\mu F$
Cap Pol1	C3	$50\mu F$
2N3904	Q1	—
VSIN	V1	—

　　将元件放在原理图图纸上以后,在元件上按住鼠标左键可将元件拖动到图纸的合适位置,将元件调整好位置后的图如图 2.23 所示。

4. 原理图布线

　　执行菜单命令 Place/Wire,或单击布线工具栏上的图标 ≋,执行命令后光标变成十字形,在布线起点单击鼠标左键确定导线的起点,移动光标到终点位置再单击鼠标左键确定导

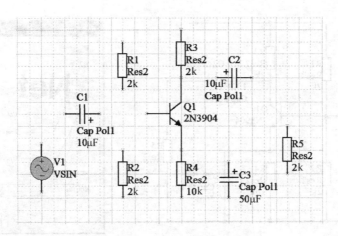

图 2.23 放置元件并调整好位置

线的终点。如果退出布线状态,单击鼠标右键即可。按图 2.17 将原理图上的导线布设完毕。完成布线的原理图如图 2.24 所示。

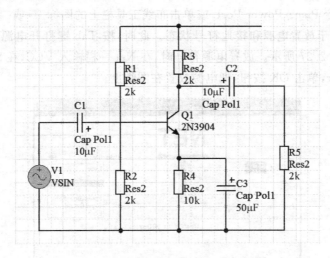

图 2.24 布好线的共发射极放大电路

5. 放置节点

执行菜单命令 Place/Manual Junction 后光标变成十字形,节点浮于十字光标之上,移动光标到两条导线十字交叉的位置,如图 2.25 所示,单击鼠标左键,完成节点的放置。单击右键,退出放置节点状态。

6. 放置网络标号

执行菜单命令 Place/Net Label,或单击布线工具栏上的图标 Net1,执行命令后光标变成十字形,处于放置网络标号状态,按 Tab 键打开网络标号属性设置对话框,如图 2.26 所示。在 Net 一栏输入网络名称 IN,设置完成单击 OK 按钮,按图 2.17 把网络标号放置到合适的位置上。按同样的方法放置网络标号 OUT。

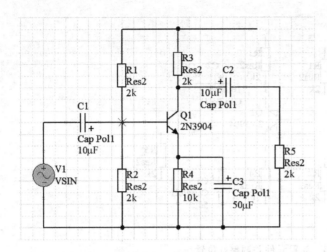

图 2.25　放置节点

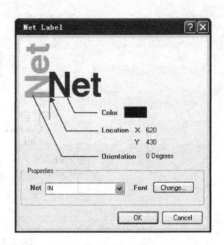

图 2.26　网络标号属性设置对话框

7．放置电源及接地符号

执行菜单命令 Place/Power Port,或单击布线工具栏上的图标 ⏚ 或 ⏚,执行命令后光标变成十字形,处于放置电源和接地符号状态。此时,按 Tab 键打开电源和接地符号属性设置对话框,如图 2.27 所示。放置电源符号时,在 Net 一栏输入 VCC,在 Style 右边的下拉列表框中选择 Bar,单击 OK 按钮,把电源放置在图纸上。

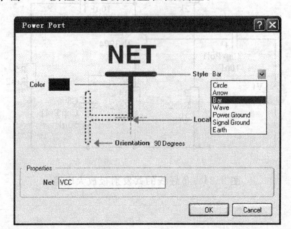

图 2.27　电源和接地符号属性设置对话框

用同样的方法放置接地符号,放置接地符号时,在 Net 一栏中输入 GND,在 Style 右边的下拉列表框中选择 Power Ground,单击 OK 按钮即可。

绘制好的电路原理图如图 2.17 所示。

2.5　小　　结

本章介绍了 Protel DXP 原理图设计的一些入门知识,主要有以下几方面内容:

(1) Protel DXP 的原理图设计流程:创建项目文件和原理图文件,设置原理图工作环境,加载元件库,放置原理图元件,原理图布线,原理图电气规则检查,生成网络表,原理图输出。

(2) 介绍了 Protel DXP 原理图编辑器,包括进入原理图编辑器的方法,菜单栏和工具栏的介绍,原理图编辑器中显示画面的管理。

(3) 介绍了 Protel DXP 原理图设计环境的设置,包括图纸的设置和环境参数的设置。其中图纸的设置在 Document Options 对话框中进行,打开该对话框的菜单命令为 Design/Document Options;环境参数的设置在 Preferences 对话框中进行,打开该对话框的菜单命令为 Tools/Schematic Preferences。

(4) 通过具体实例介绍了 Protel DXP 原理图设计的基本流程。

习　题　2

2.1　简述电路原理图设计的基本流程。

2.2　说明在原理图编辑器中 View 下拉菜单中各命令的功能。

2.3　原理图图纸的设置包括哪些内容? 如何实现这些设置?

2.4　如何添加原理图元件库?

2.5　上机练习:打开 Protel DXP 自带的设计项目,在安装目录下 Example\Reference Designs\4 Port Serial Interface 文件夹中,选择该设计项目中的任意一个原理图文件并打开,练习 View 下拉菜单中的各项命令。

2.6　上机练习:

(1) 新建一个原理图文件;

(2) 设置原理图图纸大小为 A4;

(3) 按 2.4 节介绍的原理图绘制步骤完成如图 2.28 所示的 555 双稳态电路的绘制。其中元件 LM555CN 在 Library\National Semiconductor 文件夹下的 NSC Analog Timer Circuit. IntLib 元件库中。电阻元件(RES2)和电容元件(Cap)在 Miscellaneous Devices. IntLib 元件库中。

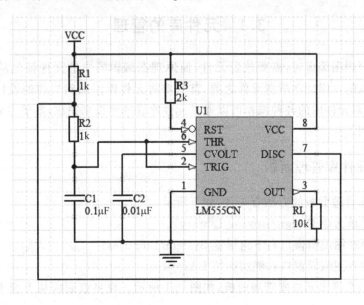

图 2.28　习题 2.6 电路

第3章

电路原理图的设计

本章学习目标

- 了解元件库管理面板的使用,掌握添加、删除元件库的方法以及查找元件的方法;
- 掌握原理图元件的放置、调整以及元件属性的编辑方法;
- 熟悉布线工具栏的使用,掌握该工具栏中主要电气对象的放置方法;
- 了解图形工具栏中非电气图形及符号的放置方法;
- 了解原理图电气规则检查以及各种报表的生成方法。

电路原理图是电路仿真和生成印制电路板的基础。本章将详细介绍电路原理图设计的各个具体环节,主要内容包括:元件库管理面板的使用、元件的放置与属性编辑、元件的调整、布线工具栏以及图形工具栏的使用、电气设计规则检查(ERC)、报表的生成及原理图的输出。

3.1 元件库的管理

进行电路原理图编辑时,需要放置元件,而原理图编辑器中的元件都是从 Protel DXP 的元件库中调入的。因此在放置元件之前,首先要将元件库添加到当前的设计环境中。在原理图设计时,对元件库的各种操作可以通过元件库管理面板来完成,本节主要介绍元件库管理面板的使用。

3.1.1 元件库管理面板

打开元件库管理面板的方法有 3 种,如下所示。

(1) 执行菜单命令 Design/Browse Library;

(2) 选择原理图编辑窗口右下角标签 System/Libraries;

(3) 单击原理图编辑窗口右侧的标签 Libraries。

执行命令后会弹出元件库管理面板,如图 3.1 所示。现将该面板从上至下各部分的功能介绍如下:

- Libraries 按钮 单击该按钮可以打开可用的元件库对话框,在该对话框中可以进行元件库的加载与删除操作。
- Search 按钮 单击该按钮可以打开查找元件对话框,用于查找已知元件名称的元件所在的元件库名。
- Place ∗ 按钮 用于将元件列表框中选中的元件放置在原理图编辑区中,"∗"表示选中的元器件在元件库中的名称。
- Components 和 Footprints 单选项 当 Components 选项被选中时,下面的元件列表框中显示的是元件的名称,元件预览框中显示元件的原理图符号及元件封装;当 Footprints 选项被选中时,下面的元件列表框中显示的是元件封装的名称,元件预览框中显示的是元件封装。
- Models 复选框 选中该项可以在 Libraries 面板中显示元件的模型信息及元件封装外形。
- 元件库列表框 用来显示已经加载的元件库名称。在下拉列表中选择某一元件库后,在下面的元件列表框中将会显示该元件库中的元件。
- 过滤器 用来过滤元件,在元件过滤器中输入所选元件名称的部分特征字符串(字符不详的可用∗或? 代替),可使元件列表框中只显示当前库中带该特征字符串的元件名。如输入"A∗",则元件列表框中就显示所有以字母 A 打头的元件名称。若元件过滤器中只输入了"∗",则元件列表框中会显示当前库中所有元件的名称。

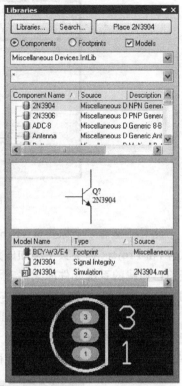

图 3.1 元件库管理面板

- 元件列表框 显示当前库中符合过滤器输入特征的元件。
- 元件预览框 显示元件列表框中被选中元件的原理图符号。
- 元件模型框 显示元件列表框中被选中元件的封装、信号完整性及仿真等模型信息。
- 元件封装浏览框 显示元件列表框中被选中元件的封装外形。

3.1.2 添加/删除元件库

由于加载到 Libraries 面板的元件库占用系统内存,所以当用户加载的元件库过多时,就会影响程序的运行,因此建议用户只加载当前需要的元件库,同时将不需要的元件库卸载。

添加/删除元件库的操作命令有以下两种:

(1) 执行菜单命令 Design/Add/Remove Library;

(2) 单击元件库管理面板上的 Libraries 按钮。

执行命令后,系统会弹出 Available Libraries(可用的元件库)对话框,如图 3.2 所示。

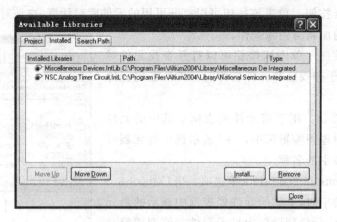

图 3.2　可用的元件库对话框

此对话框有 3 个标签页：Project 标签页列出了用户为当前设计项目自己创建的元件库文件，在 Project 标签页中添加的元件库只对该项目文件起作用；Installed 标签页中列出了当前已加载的系统元件库文件，添加到这里的元件库对设计环境中的所有设计项目都起作用；Search Path 标签页列出的是查找路径。

要加载元件库时，单击 Installed 标签页中的 Install 按钮，会弹出"打开文件"对话框，如图 3.3 所示。在查找范围中选择元件库所在的文件路径，默认的路径为 C:\Program Files \Altium 2004\Library \…，然后根据设计项目需要，决定安装哪个库文件即可。

图 3.3　打开文件对话框

元件库在列表中的位置影响元器件的搜索速度，通常将常用元件库放在较高的位置。在如图 3.2 所示的对话框中，可以利用 Move Up 和 Move down 两个按钮调整元件库在列表中的位置。

要删除元件库，只需在如图 3.2 所示的对话框中选中要删除的元件库名，然后单击 Remove 按钮即可。添加/删除完毕后单击 Close 按钮即可。

3.1.3 查找元件

当已知元件名称而不知道元件所在的元件库时,可以通过查找元件来确定元件所在的元件库,并完成对该元件库的加载。查找元件在查找元件对话框中进行,打开查找元件对话框的方法主要有以下两种:

(1) 执行菜单命令 Tools/Find Component;

(2) 单击元件库管理面板上的 Search 按钮。

执行命令后,会弹出 Search Libraries(查找元件)对话框,如图 3.4 所示。该对话框有两个标签页:Search 标签页和 Results 标签页。

1. Search 标签页

Search 标签页中有 3 个设置区域:Scope(查找范围)区域、Path(查找路径)区域和 Search Criteria(查找标准)区域。各区域的主要设置内容如下。

1) Scope 区域

Scope 区域有两个单选项,当选中 Available Libraries 项时,系统仅在已加载的元件库中搜索指定元件;选中 Libraries on Path 项时,可在 Path 一栏输入具体的查找路径,如果已知元件的名称,而不知道元件所在的库时,可以指定查找路径为安装目录下的\Altium2004\Library,如图 3.4 所示。

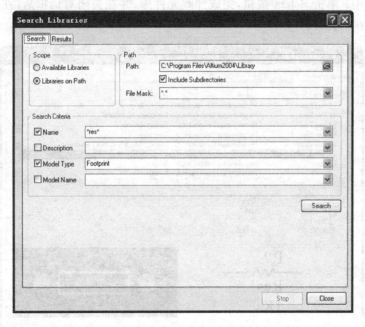

图 3.4 查找元件对话框

2) Path 区域

Path 区域主要用来设置查找元件的路径,包括以下设置内容:

• Path 单击 Path 右侧的打开文件按钮 ,会弹出浏览文件夹对话框,如图 3.5 所示,在该对话框中可以选择相应的查找路径。

- Include Subdirectories 设置查找路径是否包括子目录,默认为选中状态。
- File Mask 起到文件过滤器的作用,默认设置采用通配符。

3) Search Criteria 区域

该区域用来设置查找元件的标准,可以按照 Name (元件名称)、Description(元件描述)、Model Type(元件模型类型)和 Model Name(元件模型名称)进行查找。一般情况下按元件名称查找元件。例如在 Name 一栏中输入 * res * ,然后单击 Search 按钮,系统就会开始查找具有该特征字符的元件,并将查找的结果显示在 Results 标签页中,如图 3.6 所示。

图 3.5 "浏览文件夹"对话框

2. Results 标签页

在 Results 标签页中,Component Name 列表框中显示查找元件的相关信息,包括 Component Name(元件名称)、Library(元件所在库)和 Description(元件描述)等内容。Model Name 列表框中显示元件的模型信息。最下面是元件符号和元件封装的显示区。

单击图 3.6 对话框中的 Install Libraries 按钮,可以将选中元件所在的元件库加载到当前的设计项目中;单击 Select 按钮,完成加载元件库,并在关闭对话框后,在元件库管理面板中显示被选中的元件。

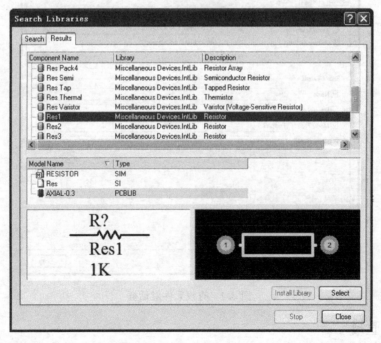

图 3.6 Results 标签页

3.2 元件操作

元件操作包括在原理图上放置元件,编辑元件属性以及元件在原理图上的调整等内容。

3.2.1 放置元件

完成了元件库的添加后,就可以放置元件了。放置元件的方法有 3 种:通过元件库管理面板放置元件,通过放置元件命令放置元件以及通过常用器件工具栏放置元件。

1. 通过元件库管理面板放置元件

利用元件库管理面板放置元件是使用 Place * 按钮将元件列表框中选中的元件放置到图纸上。具体操作如下:

- 首先在元件库管理面板的元件库列表框中(如图 3.1 所示)选中元件所在的库名。
- 使用过滤器快速定位需要放置的元件。
- 从元件列表框中找到相应的元件,单击 Place * 按钮(或双击该元件),此时光标变成十字形,并使被选中的元件符号浮于十字光标上。将鼠标移到图纸的适当位置后单击使元件定位,即完成了对元件的放置。放置好一个元件后,光标仍处于放置元件状态,单击可以继续放置该元件,右击可退出放置元件状态。

2. 通过放置元件命令放置元件

放置元件命令有如下几种:

- 选择菜单命令 Place/Part。
- 在原理图图纸空白处右击,在快捷菜单中选择 Place Part。
- 单击布线工具栏图标: ⊸。

执行命令后,屏幕会弹出 Place Part(放置元件)对话框,如图 3.7 所示。在 Lib Ref 一栏中输入要放置元件的名称,或单击右侧的按钮⬚,会弹出 Browse Libraries(浏览元件)对话框,如图 3.8 所示,可以在该对话框中选择要放置的元件。

在图 3.7 对话框的 Designator 文本框中输入元件标号,即元件流水号,在 Comment 文本框中输入当前元件的注释,在 Footprint 文本框中选择元件封装。对于多子元件,还需要在 Part ID 文本框中选择片内器件编号。设置完成单击 OK 按钮,即可实现在图纸上放置该元件。

当完成一个元件的放置,单击鼠标右键退出时,屏幕会再次弹出如图 3.7 所示的对话框,重复上面的操作可以继续放置其他元件,如果取消放置元件,单击 Cancel 按钮即可。

图 3.7 放置元件对话框

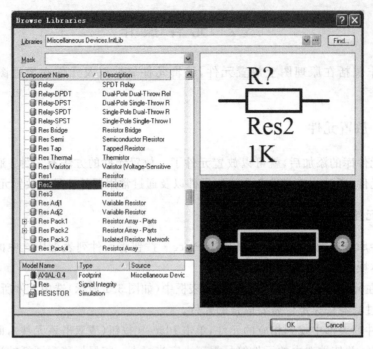

图 3.8　浏览元件对话框

3. 通过常用器件工具栏放置元件

单击实用工具栏上的按钮 ，可以打开常用器件工具栏，如图 3.9 所示。对于一些常用元器件，如电阻和电容等，可以直接从该工具栏中选取。单击工具栏上相应的图标，即可放置元件。

常用器件工具栏的元件不需要配置元件库，它提供了常用规格的电阻和电容，以及常用型号的与非门、或非门、反相器和触发器等数字器件。如果用户需要放置与该工具栏形状相同而参数不同的元件，可直接进行放置，然后通过编辑元件的属性改变其参数即可。

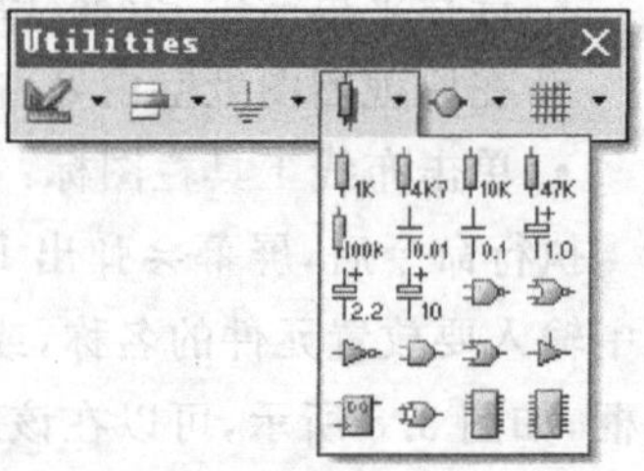

图 3.9　常用器件工具栏

3.2.2　编辑元件属性

编辑元件的属性是指编辑元件标号、元件注释和元件值等内容。元件属性不明确会造成用户阅读原理图的不便，特别是给将来网络表的生成带来障碍，由此影响到电路板的设计。因此，用户必须对元件的属性进行编辑。

1. 编辑元件的整体属性

元件属性的编辑在 Component Properties(元件属性)设置对话框中进行，如图 3.10 所示。打开元件属性设置对话框的方法有以下几种：

- 在放置元件状态下，元件符号随着光标移动时按 Tab 键。

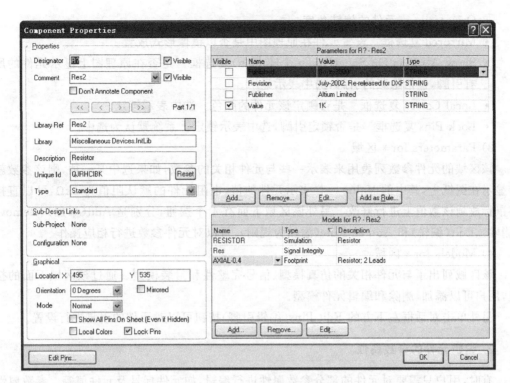

图 3.10 元件属性设置对话框

- 如果元件已放置到图纸上,执行菜单命令 Edit/Change,光标变为十字形,将十字光标移到要编辑的元件上,单击鼠标左键。
- 用鼠标双击图纸上要编辑的元件。

在元件属性设置对话框中主要有 4 个设置区域:Properties 区域、Graphical 区域、Parameters for * 区域和 Models for * 区域。下面分别介绍各区域的设置。

1) Properties 区域

Properties(属性)区域中的内容较为常用,其中主要选项如下:

- Designator 设置元件标号,即元件在原理图中的流水序号。选中其右侧的 Visible 复选项时,该序号在原理图中可见,系统默认为选中状态。
- Comment 设置元件注释,用于补充说明有关信息。其右侧的 Visible 系统默认为选中状态。
- Library Ref 表示在元件库中所定义的元件名称,此项不允许修改,也不会在图纸上显示。
- Library 显示该元件所属的元件库名。
- Description 用于对元件属性进行描述。
- Unique Id 系统随机生成的元件唯一性编号,一般不作修改。
- Type 设置元件的符号类型,默认设置为 Standard。

2) Graphical 区域

Graphical 区域的主要设置项如下:

- Location X,Y 元件在原理图中的横坐标及纵坐标值。

- Orientation　元件的旋转角度。
- Mirrored复选框　设置元件在原理图中是否以镜像形式放置。
- Show All Pins On Sheet(Even if Hidden)复选框　是否在原理图上显示元件的所有引脚,包括隐藏的引脚,选中表示显示。
- Local Colors复选框　是否锁定该元件的颜色。选中表示锁定。
- Lock Pins复选框　是否锁定引脚,选中表示锁定。系统默认为选中。

3) Parameters for＊区域

该区域的元件参数列表用来表示一些与元件相关的参数,如果选中某一项,则该参数就会显示在图纸上,其中的 Value 一栏表示元件的值,电阻元件的默认阻值为 1kΩ,可以直接将鼠标放到该数值上进行修改。另外该区域下面有 4 个按钮,分别是 Add(添加)、Remove(删除)、Edit(编辑)和 Add as Rule(添加为规则),可以对元件参数进行相应操作。

4) Models for＊区域

该区域列出了与元件相关的仿真模型、信号完整性和封装模型。通过该区域下面的按钮,用户可以添加、删除和编辑元件模型。

另外单击对话框左下方的 Edit Pins(编辑引脚)按钮可以对元件的引脚进行设置。

2．编辑元件的参数属性

有时,用户只需要对元件的部分参数属性进行编辑,如元件标号及元件值等。参数属性的编辑方法有两种,下面分别介绍。

1) 直接在元件上修改

选中要修改的元件参数后,用鼠标单击该参数,其底色变为蓝色,如图 3.11 所示。此时可以直接在原理图编辑窗口中修改该参数属性。

2) 利用元件参数属性对话框修改

下面以图 3.12 中的电阻元件为例介绍元件参数属性的编辑。

图 3.11　直接在元件上修改参数属性　　　　　图 3.12　电阻元件

如果要编辑元件标号,用鼠标双击图 3.12 中的元件标号 R?,即可弹出 Parameter Properties(参数属性)设置对话框,如图 3.13 所示。在该对话框的 Value 一栏中输入新的元件标号,单击 OK 按钮即可完成对元件标号的编辑。

如果用户对元件属性所显示的字体不满意,可单击该对话框中 Font 右侧的 Change 按钮,在弹出的字体对话框中对字体进行设置。如果用户要修改字体颜色,可单击对话框中 Color 右侧的颜色框,在弹出的选择颜色对话框中对字体颜色进行修改。

此外用户还可以通过该对话框设置元件参数的类型、X 轴、Y 轴的坐标位置、旋转角度及是否隐藏等信息。

如果要编辑其他参数属性,用鼠标双击相应的参数即可,其编辑窗口与图 3.13 相同。

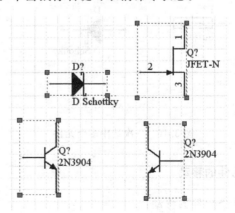

图 3.13 参数属性设置对话框

3.2.3 元件的调整

元件在放置到图纸上时，其位置和角度往往不大令人满意，摆放也较零乱。这就需要对元件进行调整。元件的调整包括：元件的移动、旋转、复制和删除等操作。

1. 元件的选取

在调整、复制和删除元件之前，首先要选取欲调整的元件，即目标元件。元件选取的方法有很多种，下面分别介绍。

1）点选目标元件

在目标元件上单击鼠标左键即可完成点选操作，被点选的元件周围会出现一个绿色的虚框，如图 3.14 所示。点选一次只能选中一个元件。要取消元件的点选状态，只需在图纸空白处单击一下鼠标左键即可。

2）逐次选中多个元件

逐次选中多个元件有以下两种方法：

- 执行菜单命令 Edit/Select/Toggle Selection，执行命令后光标变成十字形，将十字光标在目标元件上逐个单击鼠标左键即可，选取后的元件周围同样出现一个虚线框，表明目标被选中，如图 3.15 所示。单击鼠标右键可取消命令状态。

图 3.14 被点选的元件　　　　　　　　图 3.15 逐次选中多个元件

- 按住 Shift 键,同时逐个单击目标元件。

要取消元件的选取状态,只需在图纸空白处单击即可。

3) 一次选中多个元件

一次选中多个元件有以下几种方法:

- 直接在图纸上按住鼠标左键并拖动出一个矩形区域,松开鼠标,则该区域内的元件被选中。
- 执行菜单命令 Edit/Select/Inside Area,或单击标准工具栏上的图标 □,执行命令后光标变成十字形,将十字光标放在目标区域的左上角单击,移动光标至目标区域的右下角,如图 3.16 所示,再单击,这样矩形区域中的所有元件均被选中。
- 菜单命令 Edit/Select/Outside Area,选中目标区域以外的所有元件。
- 菜单命令 Edit/Select/All,选中当前图纸上的所有元件。

4) 取消元件的选取状态

取消选取命令集中在菜单项 Edit/Deselect 的子菜单中,Deselect 的子菜单如图 3.17 所示。其中各命令的含义如下:

- Inside Area　取消目标区域内所有元件的选取状态。
- Outside Area　取消目标区域外所有元件的选取状态。
- All On Current Document　取消当前图纸中所有元件的选取状态。
- All Open Documents　取消所有打开的图纸中元件的选取状态。
- Toggle Selection　取消目标元件的选取状态。执行命令后光标变成十字形,将十字光标在目标元件上逐个单击鼠标左键即可。单击鼠标右键可取消命令状态。也可以按住 Shift 键,同时用鼠标左键逐个单击被选取的元件,即可取消该元件的选取状态。

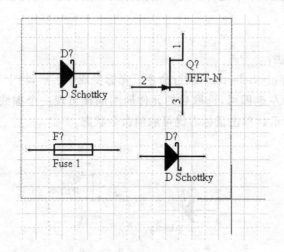

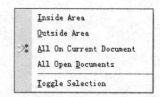

图 3.16　一次选中多个元件　　　　图 3.17　Edit/Deselect 子菜单

2.元件的移动

1) 单个元件的移动

单个元件的移动可以使用鼠标拖动元件,也可以使用菜单命令来完成。具体操作方法如下:

- 使用鼠标拖动元件 将鼠标指向要移动的元件,按住鼠标左键,此时光标变成十字形,并且元件浮于十字光标之上,如图3.18所示。此时拖动鼠标可以将该元件移到图纸上的任何位置。此方法也可以移动其他组件,如元件标号、参数值及导线等。

- 使用菜单命令 Edit/Move/Drag 在原理图布线完成后,采用此命令移动元件,元件上的所有连线也会跟着移动,不会断线。执行此命令前,不需要选取元件。执行命令后,光标变成十字形,在需要移动的元件上单击鼠标左键,元件会跟着光标一起移动,将元件移到合适的位置,单击即可。右击即可取消命令状态。

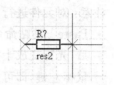

图 3.18 用鼠标拖动
单个元件

- 使用菜单命令 Edit/Move/Move 此命令只移动元件,元件上的导线不会跟着一起移动。操作方法同 Drag 命令。

2) 多个元件的移动

移动多个元件时,首先使用选取命令选取要移动的多个元件,然后可以使用鼠标拖动的方法,也可以使用菜单命令来完成多个元件的移动。使用菜单命令的操作步骤如下:

- 执行菜单命令 Edit/Move/Move Selection,或单击主工具栏上的图标 ✛ ,执行命令后,光标变成十字形,将十字光标放在被选中元件组的任何地方,单击,则被选中元件组会跟着光标一起移动,将元件移到合适的位置,单击即可。

- 菜单命令 Edit/Move/Drag Selection,使用此命令移动元件时,元件上的所有连线也会跟着一起移动,不会断线。操作方法同 Move Selection 命令。

3. 元件的旋转

在放置元件时,有时元件的放置方向需要调整,这就需要对元件进行旋转操作。Protel DXP 提供了很方便的元件旋转操作,在元件符号随光标移动的过程中,例如在放置元件状态,或移动元件的过程中,使用下列功能键,就可以实现元件的旋转。

- 空格键 每按一下空格键,元件会逆时针旋转90°。
- X键 使元件在水平方向翻转。
- Y键 使元件在垂直方向翻转。

也可以通过修改元件的属性来旋转元件。如在元件属性对话框中,修改 Graphical 选项组中的 Orientation 选项。

图 3.19 Edit 菜单中的元件
复制命令

4. 元件的复制

元件的复制包括复制、剪切和粘贴操作。这些命令都集中在 Edit 菜单中,如图3.19所示。现将各命令介绍如下:

- Cut 元件的剪切命令,执行命令后光标变成十字形,将十字光标放到已被选取的元件组上,单击鼠标左键,则被选取的元件组将被直接移入剪贴板中,同时原理图上的被选元件被删除。该命令等同于标准工具栏上的图标 ✂ 。

- Copy　复制命令,该命令将选取的元件作为副本,放入剪贴板中。复制操作完成后原理图上的元件并不删除。复制的操作方法与剪切的操作方法相同。该命令等同于标准工具栏上的图标 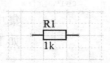。

注意:对元件进行复制或剪切操作之前,必须先选取元件。

- Paste　粘贴命令,该命令将剪贴板中的内容作为副本,放入原理图中。执行命令后,光标变成十字形,且光标上带着剪贴板上的元件,将光标移到合适的位置,单击鼠标左键,即可完成粘贴操作。粘贴命令也可以通过标准工具栏上的图标 来完成。

5. 阵列式粘贴

阵列式粘贴是一种特殊的粘贴方式,可以将剪贴板上的元件按指定间距重复粘贴到图纸上。阵列式粘贴的命令为 Edit/Paste Array,执行命令后,会弹出如图 3.20 所示的 Setup Paste Array(设置阵列式粘贴)对话框,其中各选项含义如下:

- Item Count　设置所要粘贴的元件个数。
- Primary Increment　设置主标号序号增量值,用于设置所要粘贴元件标号的增量值。如果该项设定为 1,且剪贴板元件序号为 R1,则重复放置的元件序号分别为 R2,R3,R4,…。
- Secondary Increment　设置次标号序号增量值。
- Horizontal　设置所要粘贴元件之间的水平间距。
- Vertical　设置所要粘贴元件之间的垂直间距。

下面以图 3.21 中的电阻为例,说明阵列式粘贴的操作。

(1) 首先选取该电阻,然后执行复制命令 Edit/copy,将该电阻复制到剪贴板上。

(2) 执行阵列式粘贴命令 Edit/paste Array,在弹出的设置阵列式粘贴对话框中,按图 3.20 进行设置,即粘贴电阻数量为 5 个,电阻元件标号的增量值为 2,5 个电阻之间的水平间距为 30mil,垂直间距为 20mil。设置完成后单击 OK 按钮。

图 3.20　设置阵列式粘贴对话框

图 3.21　阵列式粘贴前的电阻

(3) 单击 OK 按钮后,光标变成十字形,将十字光标放到图纸合适的位置,单击鼠标左键,即完成了阵列式粘贴操作。阵列式粘贴后的电阻如图 3.22 所示。

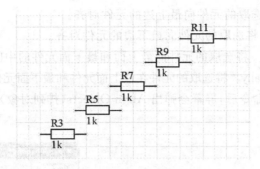

图 3.22 阵列式粘贴后的电阻

6. 元件的删除

删除元件的操作有以下几种：

1) 使用菜单命令删除元件

- 菜单命令 Edit/Clear，执行此命令前需要先选取要删除的元件，然后执行该命令，执行命令后，被选中的元件被全部删除。
- 菜单命令 Edit/Delete，此命令不需要提前选取元件，执行命令后，光标变成十字形，将十字光标放在要删除的元件上单击鼠标左键，即可删除该元件，删除一个元件后，光标仍为十字形，可继续执行删除元件的操作，如果退出此状态，单击鼠标右键即可。

2) 使用快捷键 Delete

用此命令删除元件前，需要先选取元件，选取元件后，按此快捷键即可删除所选元件。

以上删除操作同样适用于原理图上的其他组件，如删除导线以及其他电气和非电气符号等。

7. 元件的排列与对齐

Protel DXP 提供了一系列组件的排列与对齐命令，可以极大提高用户的工作效率。这些命令不仅适合于元件，也适合于其他各种图件，包括导线、文字及几何图形等。有关排列与对齐的命令集中在菜单项 Edit/Align 的子菜单中，如图 3.23 所示。该菜单中部分命令前面的图标与实用工具栏上的图标按钮 下的命令相对应，如图 3.24 所示。

Edit/Align 子菜单中各命令的具体含义如下：

- Align Left 将选取的元件向最左边的元件对齐。
- Align Right 将选取的元件向最右边的元件对齐。
- Center Horizontal 将选取的元件向最左边和最右边元件的中间位置对齐。
- Distribute Horizontally 将选取的元件在最左边元件和最右边元件之间等间距放置。

Align...	
Align Left	Shift+Ctrl+L
Align Right	Shift+Ctrl+R
Center Horizontal	
Distribute Horizontally	Shift+Ctrl+H
Align Top	Ctrl+T
Align Bottom	Ctrl+B
Center Vertical	
Distribute Vertically	Shift+Ctrl+V
Align To Grid	Shift+Ctrl+D

图 3.23 Edit/Align 菜单中的排列与对齐命令

- Align Top　将选取的元件向最上边的元件对齐。
- Align Bottom　将选取的元件向最下边的元件对齐。
- Center Vertical　将选取的元件向最上面和最下面元件的中间位置对齐。
- Distribute Vertically　将选取的元件在最上面元件和最下面元件之间等间距放置。
- Align　执行该命令后,屏幕会弹出 Align Objects(排列对象)设置对话框,如图3.25 所示。

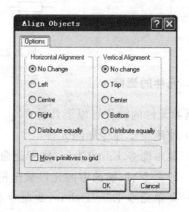

图 3.24　实用工具栏的排列与对齐命令　　　　图 3.25　排列对象设置对话框

该对话框分为两大部分:Horizontal Alignment(水平排列)选项和 Vertical Alignment (垂直排列)选项。

例如将如图3.26 所示的随意分布的电阻元件按水平方向左对齐(Left),垂直方向均布 (Distribute Equally)。具体操作步骤如下:

(1) 首先选取元件。

(2) 执行菜单命令 Edit/Align/Align。

(3) 在弹出的如图3.25 所示的对话框中,在 Horizontal Alignment(水平排列)区域选 择 Left 选项,即水平方向左对齐;在 Vertical Alignment(垂直排列)区域选中 Distribute Equally 选项,即垂直方向均布。设置完成后单击 OK 按钮,对齐后的元件如图3.27 所示。

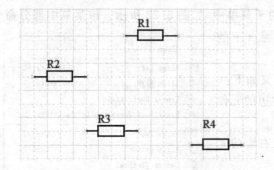

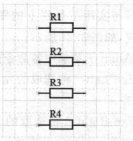

图 3.26　对齐排列前的电阻　　　　图 3.27　同时作两个方向排列后的电阻

8. 撤销与恢复命令

在以上元件的操作过程中,如果发生了误操作,可以通过撤销与恢复命令取消或恢复到前一步的操作状态。

1）撤销命令

撤销命令可以通过菜单命令 Edit/Undo，或标准工具栏上的图标 来完成。执行该命令可以撤销最后一步操作，恢复到最后一步操作之前的状态。若要撤销多步操作，只需多次执行该命令即可。

2）恢复命令

恢复命令可以通过菜单命令 Edit/Redo，或标准工具栏上的图标 来完成。执行该命令可以恢复到撤销前的状态。如果要恢复多步操作，只需多次执行该命令即可。

3.3　布线工具栏的使用

前面介绍了原理图设计过程中放置元件及编辑元件属性等操作。本节主要介绍原理图上电气图形符号的制作，如绘制导线、放置节点、电源与接地符号、I/O端口及总线与网络标号等，这些操作命令都集中在布线工具栏中。

3.3.1　布线工具栏

布线工具栏（Wiring）是绘制原理图的主要工具，如图 3.28 所示。该工具栏中各图标与 Place 菜单下的部分命令相对应，Place 菜单如图 3.29 所示。表 3.1 列出了布线工具栏中各图标的功能以及与 Place 菜单命令的对应关系。

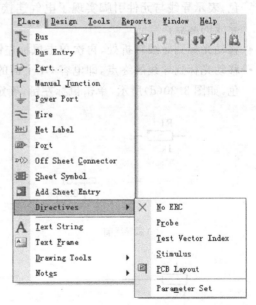

图 3.28　布线工具栏　　　　图 3.29　与布线工具栏图标对应的菜单命令

3.3.2　绘制导线

导线是原理图绘制过程中最重要的图件之一。布线工具栏中的导线具有电气连接意义，它不同于图形工具栏中画直线的工具，后者没有电气连接意义。

表 3.1　布线工具栏各图标功能

图　　标	功　　能	Place 菜单中对应命令
≈	画导线工具	Wire
�	画总线工具	Bus
↖	画总线进出点	Bus Entry
Netl	放置网络标号	Net Label
⏚ 、ᵘᶜᶜ	放置电源及接地符号	Power Port
⊸	放置元件	Part…
⊞	放置方框电路符号	Sheet Symbol
⊡	放置方框电路 I/O 端口	Add Sheet Entry
⊳	放置 I/O 端口	Port
×	放置 No ERC 符号	Directives/No ERC

1. 导线的绘制

下面以图 3.30(a)为例,介绍两个元件之间的导线绘制。执行菜单命令 Place/Wire,或单击布线工具栏上的图标 ≈ ,执行命令后光标变成十字形,此时系统处于画导线状态,画导线的步骤如下:

- 将光标移到所画导线的起点,即 R1 的右引脚,直到十字光标上的灰色十叉变为红色,表示导线与元件引脚实现了电气连接,如图 3.30(b)所示,单击鼠标左键,确定导线的起点;
- 移动光标到导线转折处,再次单击鼠标左键,确定导线的转折点,如图 3.30(c)所示;
- 移动光标到导线的终点,即电容 C1 上面的引脚,直到十字光标上的灰色十叉变为红色,如图 3.30(d)所示,单击鼠标左键,确定导线的终点。

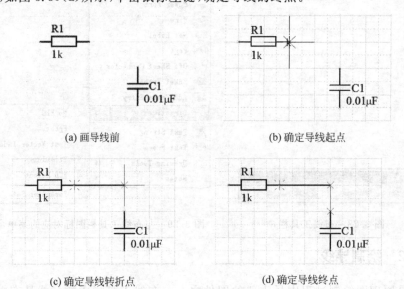

(a) 画导线前　　　　　　　　　　　　(b) 确定导线起点

(c) 确定导线转折点　　　　　　　　　(d) 确定导线终点

图 3.30　绘制导线图例

- 此时光标仍为十字形,即处于画导线状态。如果还需要画其他导线,只需重复上述步骤;若需退出画导线状态,单击鼠标右键即可。

2. 调整、移动和删除导线

1) 调整导线

绘制完的导线如果发现长短不合适,可以进行调整,调整导线的步骤如下:

- 采用前面介绍的选取元件的方法选取导线,选取后的导线两端及转弯处将出现一个绿色小方块,如图 3.31(a)所示;
- 在导线端点的小方块处按住鼠标左键,鼠标立刻变成十字光标,拖动鼠标可使该端点跟着一起移动,使导线被拉伸或压缩,如图 3.31(b)所示,然后单击鼠标左键固定;
- 在导线线段上按住鼠标左键,鼠标变成十字光标,拖动鼠标可使该段导线跟着一起移动,如图 3.31(c)所示。

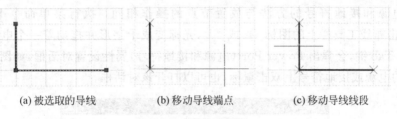

(a) 被选取的导线   (b) 移动导线端点   (c) 移动导线线段

图 3.31 导线的调整

2) 移动导线

要移动导线,可直接将鼠标放到导线上,按住鼠标左键拖动,导线可以跟着鼠标一起移动。也可以采用菜单命令移动导线,操作方法与移动元件的方法相同。

3) 删除导线

删除导线之前,先选取该段导线,然后按 Delete 键即可将其删除,也可采用菜单命令删除导线,操作方法与删除元件的方法相同。

3. 导线的属性编辑

在处于绘制导线状态时,按 Tab 键,可打开 Wire (导线)属性设置对话框,如图 3.32 所示。在已绘制好的导线上双击鼠标,也可以打开该对话框。在此对话框中可以对导线的宽度(Wire Width)和颜色(Color)进行设置,系统默认的导线宽度为 Small。

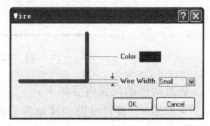

图 3.32 导线属性设置对话框

3.3.3 放置节点

节点是表示两条交叉导线电气相连的符号。对于电路原理图上的两条交叉导线,如果没有节点存在,则认为两条导线在电气上是不相连的;如果存在节点,则表明它们在电气上是相连的。

放置节点的命令为菜单命令 Place/Manual Junction，执行放置节点命令后，光标变成十字形，并使节点浮于十字光标之上，将光标移到需要放置节点的位置上，单击鼠标左键即完成放置节点的操作。此时光标仍为十字形，仍处于放置节点状态，单击鼠标右键可退出该状态。

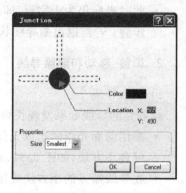

在处于放置节点状态时，按 Tab 键，或在放置好的节点上双击鼠标，都可以打开 Junction(节点)属性设置对话框，如图 3.33 所示。在此对话框中可对节点的颜色(Color)、位置(Location)和大小(Size)进行设置。通常用鼠标直接在图纸上确定节点的位置。

图 3.33　节点属性设置对话框

移动、删除节点的方法与导线相同。

3.3.4　放置电源和接地符号

放置电源和接地符号的方法与放置节点的操作相同。执行菜单命令 Place/Power Port，或单击布线工具栏上的图标 ⏚ 或 ⯯，光标变成十字形并拖动着一个电源或接地符号，此时按 Tab 键，会弹出 Power Port(电源和接地符号)属性设置对话框，如图 3.34 所示。在放置好的电源或接地符号上双击鼠标，也可以打开该对话框。

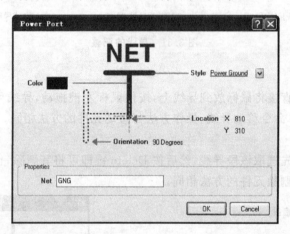

图 3.34　电源和接地符号属性设置对话框

该对话框的设置内容如下：

- Color　设置电源和接地符号的颜色。
- Net　设置电源和接地符号的网络名称。
- Orientation　设置电源和接地符号的放置方向。也可在放置电源和接地符号状态下，按空格键改变其放置方向。
- Location　设置电源和接地符号的坐标位置。
- Style　设置电源和接地符号的类型。右边的下拉列表中提供了 7 种电源和接地符号的类型，包括 Circle、Arrow、Bar、Wave、Power Ground、Signal Ground、Earth。几种类型的电源和接地符号外形如表 3.2 所列。

表 3.2　电源和接地符号的类型

Style 选项	Circle	Arrow	Bar	Wave	Power Ground	Signal Ground	Earth
外形	♀	♠	T	⌐	⟂	▽	⊥

另外,在实用工具栏上的图标 ⟂ 的下拉列表中提供了专门的电源及接地符号工具栏,该工具栏提供了 11 种形式的电源及接地符号供用户选用,如图 3.35 所示。

3.3.5　放置总线、总线进出点及网络标号

总线(Bus)是用一条线来代替数条并行的导线,特别是原理图中含有集成电路芯片时,使用总线可以简化原理图。但总线没有实质的电气连接意义,必须使用由总线接出的各个单一导线上的网络标号(Net Label)来完成电气意义上的连接。在原理图中,具有相同网络标号的导线和引脚在电气上是相连的。因此在绘制原理图时,可以用网络标号来定义某些网络,使它们具有电气连接的关系。

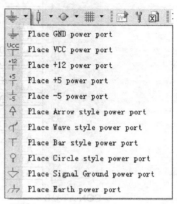

图 3.35　电源及接地符号工具栏

如图 3.36 所示的电路为用一般导线连接的原理图。如果换一种方式,使用总线、总线进出点和网络标号来完成两个集成电路芯片之间的连接关系,其电路如图 3.37 所示。

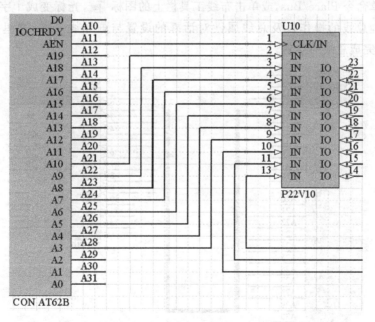

图 3.36　用导线连接的原理图

下面以图 3.37 为例介绍总线、总线进出点及网络标号的制作方法。首先取消图 3.36 中导线的连接,并按如图 3.38 所示将元件的部分引脚用导线延长。

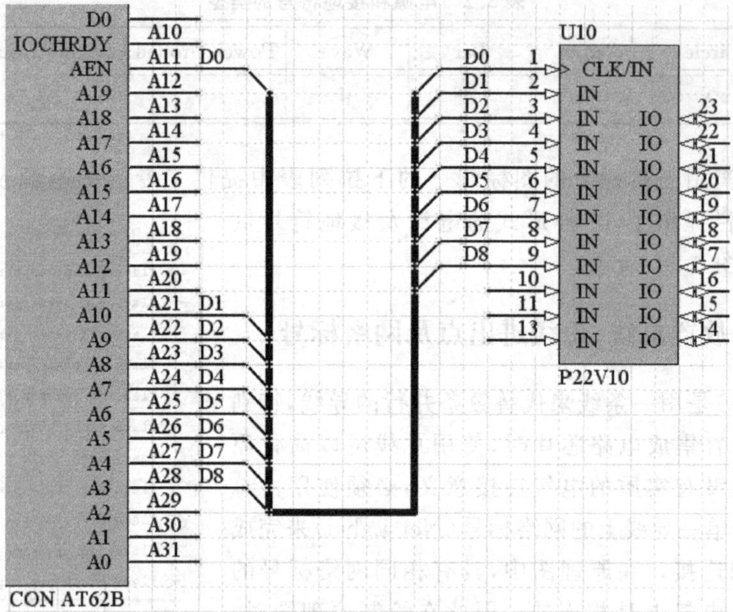

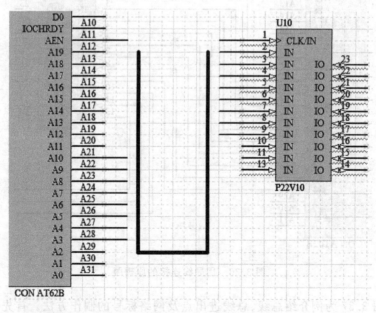

图 3.37　使用总线、总线进出点及网络标号连接电路

1. 绘制总线

执行菜单命令 Place/Bus，或单击布线工具栏上的图标，光标变成十字形，处于绘制总线状态。画总线的操作以及总线属性对话框的设置与画导线一样，这里不再详述，如图 3.38 所示完成总线的绘制。

图 3.38　绘制总线

2. 画总线进出点

总线进出点没有任何电气连接的意义,只是使原理图看起来更具有专业水准。执行菜单命令:Place/Bus Entry,或单击布线工具栏上的图标 ,执行命令后,光标变成十字形,并带着总线进出点,此时按空格键可以改变其放置的方向,按 Tab 键可以打开总线进出点属性设置对话框,如图 3.39 所示。在该对话框中可以设置其在图纸上的位置、颜色和线宽等属性,设置完毕后单击 Close 按钮关闭对话框。按图 3.37 将总线进出点放置到图纸上,放置完成后单击鼠标右键退出。

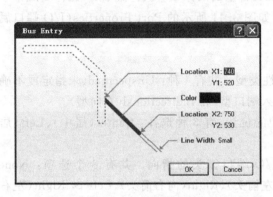

图 3.39　总线进出点属性设置对话框

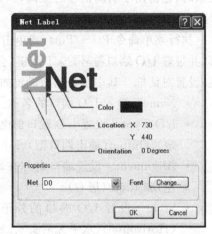

图 3.40　网络标号属性设置对话框

3. 放置网络标号

在 Protel DXP 中,具有相同网络标号的导线,无论在图纸上是否连接在一起,都被视为在电气上是相连的。网络标号一般在以下几种情况下使用。

(1) 在绘制原理图的过程中,由于连接线比较远或者走线比较困难,为了简化电路图,可以利用网络标号代替实际连线。

(2) 在用总线表示一组导线之间的连接关系时,连接在总线上的各个导线,只有通过放置相同名称的网络标号,才能实现真正意义上的电气连接。

(3) 用于表示层次原理图或多重式电路各个模块之间的连接关系。

执行菜单命令 Place/Net Label,或单击布线工具栏上的图标 ,执行命令后,光标变成十字形,并带着一个系统默认的网络标号。按 Tab 键打开 Net Label(网络标号)属性设置对话框,如图 3.40 所示。该对话框中主要选项设置如下:

- Net　定义网络标号的名称。在这里输入 D0,当网络标号名以数字结尾时,放置了当前网络标号后,下一个网络标号的结尾数字会自动递增。
- Orientation　选择网络标号的放置方向,也可以在放置过程中按空格键来改变其方向。
- Color　设置网络标号的颜色。
- Font　单击它右侧的 Change 按钮会弹出字体对话框,可设置网络标号的字体。

完成对话框的设置后将网络标号放置到图纸的合适位置。用同样的方法完成所有网络标号的放置,完成后的电路如图3.37所示。

3.3.6 放置I/O端口

与网络标号相似,I/O端口也可以描述导线与导线之间以及导线与引脚之间的电气连接关系。特别是在层次式原理图中,不同图纸上具有相同I/O端口名称的导线或元件引脚在电气上被认为是相连的。但I/O端口具有方向性,使用I/O端口表示元件引脚之间连接关系时,也指出了引脚信号的流向,因此I/O端口的含义比网络标号更明确。放置I/O端口的操作如下:

执行菜单命令Place/Port,或单击布线工具栏上的图标 ▣,执行命令后,光标变成十字形,并带着I/O端口符号,按Tab键,会弹出如图3.41所示的Port Properties(I/O端口属性)设置对话框。其中主要选项设置如下:

- Name 输入I/O端口的名称。
- I/O Type 设置I/O端口的电气特性类型。共有4种:Unspecified(未指定或不确定)、Output(输出端口型)、Input(输入端口型)和Bidirectional(双向型)。
- Alignment 设置端口名称在端口中的位置,有3种选择:Center(居中)、Left(居左)和Right(居右)。
- Style 设置I/O端口的外形,即I/O端口箭头的指向。共有8个选项:None(Horizontal)(水平无箭头)、Left(向左箭头)、Right(向右箭头)、Left & Right(左右双向箭头)、None(Vertical)(垂直无箭头)、Top(向上箭头)、Bottom(向下箭头)以及Top & Bottom(上下双向箭头)。

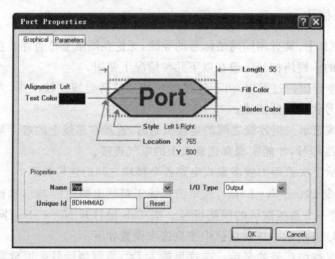

图3.41 I/O端口属性设置对话框

另外还有关于I/O端口的长度(Length)、填充颜色(Fill Color)、边界颜色(Border Color)、字体颜色(Text Color)和位置(Location)等选项,这些用户可根据自己的需要设定。

对话框中的各选项设定后,单击OK按钮。移动光标到图纸的合适位置,如图3.42(a)所示,单击鼠标左键确定I/O端口的起始位置。然后移动鼠标确定I/O端口另一侧的位置,如图 3.42(b)所示。再单击鼠标左键,即可完成对 I/O 端口的放置。

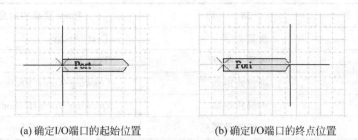

(a) 确定I/O端口的起始位置   (b) 确定I/O端口的终点位置

图 3.42　I/O 端口的放置过程

3.4　图形工具栏的使用

在原理图设计过程中,为了提高原理图的可读性,有时需要在原理图的某些位置放置一些具有说明性质但不具备电气特性的图形和文字等信息。完成这些任务的命令集中在图形工具栏中,单击实用工具栏中的图标 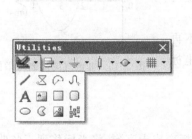 ,即可弹出图形工具栏,如图 3.43 所示。本节主要介绍图形工具栏的使用。

图 3.43　图形工具栏　　　　图 3.44　Place/Drawing Tools 子菜单

3.4.1　图形工具栏

图形工具栏中的各图标命令与 Place 菜单以及 Place/Drawing Tools 子菜单中的命令相对应,Place/Drawing Tools 子菜单如图 3.44 所示。

图形工具栏中各图标的功能以及对应的菜单命令如表 3.3 所列。

表 3.3　图形工具栏各图标功能及对应的菜单命令

图　　标	功　　能	Place 菜单中对应命令
╱	画直线	Drawing Tools/Line
⋈	画多边形	Drawing Tools/Polygon
⌒	画椭圆弧线	Drawing Tools/Elliptical Arc
∿	画贝塞尔曲线	Drawing Tools/Bezier

图　　标	功　　能	Place 菜单中对应命令
A	放置文字	Text String
🅰	放置文本框	Text Frame
▢	画直角矩形	Drawing Tools/Rectangle
▢	画圆角矩形	Drawing Tools/Round Rectangle
⬭	画椭圆及圆形	Drawing Tools/Ellipse
◔	画圆饼图	Drawing Tools/Pie Chart
🖼	粘贴图片	Drawing Tools/Graphic
⿲	阵列式粘贴组件	Edit/Paste Array

3.4.2　非电气图形符号制作举例

下面以图 3.45 所示的正弦曲线为例说明图形工具的基本使用方法。

1. 绘制直线

按表 3.3 执行画直线命令,执行命令后光标变成十字形,此时如果按下 Tab 键,可以弹出直线属性设置对话框,可以对直线的宽度、线型及颜色等进行设置。

画直线的方法与画导线的操作完全相同,这里不再详述。用画直线命令按图 3.45 画出 X、Y 坐标轴及坐标箭头。

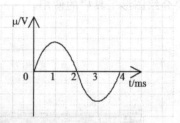

图 3.45　非电气图形制作举例

2. 绘制正弦曲线

按表 3.3 执行画贝塞尔曲线命令,执行命令后光标变成十字形,将光标移到正弦曲线的起点,如图 3.46(a)所示,单击鼠标左键固定;移动光标以确定曲线正半部分的顶点,如图 3.46(b)所示,单击鼠标左键;将光标移到水平坐标轴上,如图 3.46(c)所示,此时已看到正弦波的正半周波形,单击鼠标左键,使正弦波顶点固定,再次单击鼠标左键,固定正半周的波形。继续移动光标确定负半周曲线的顶点,方法与确定正半周顶点的方法相同;最后将

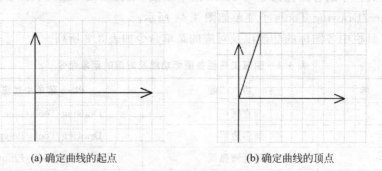

(a) 确定曲线的起点　　　　　　　　(b) 确定曲线的顶点

图 3.46　画贝塞尔曲线

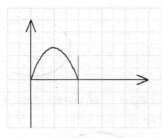
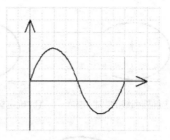

(c) 完成曲线正半部分的绘制　　　　　　(d) 确定曲线的终点

图 3.46（续）

鼠标移到曲线的终点位置,如图 3.46(d)所示,在此单击鼠标左键两次,然后单击鼠标右键结束该段曲线的绘制,此时光标仍处于画曲线状态,再次单击鼠标右键退出该状态。

3. 放置文字

按表 3.3 执行放置文字命令,执行命令后,光标变成十字形,并带着系统默认字符,此时按 Tab 键,打开 Annotation(文字)属性设置对话框,如图 3.47 所示。在对话框的 Text 一栏中输入需放置的字符,单击 OK 按钮,移动鼠标将文字放在合适的位置。按图 3.45 完成坐标轴上标注文字的放置。

3.4.3 绘制椭圆弧线

按表 3.3 执行画椭圆弧线的命令,执行命令后光标变成十字形,移动光标确定椭圆弧线的圆心位置,如图 3.48(a)所示,单击鼠标左键固定圆心;此时移动光标可以改变椭圆弧线水平方向的半径,单击鼠标左键确定椭圆弧线的水平方向半径,如图 3.48(b)所示;此时移动光标,可以改变椭圆弧线的垂直方向半径,如图 3.48(c)所示,单击鼠标左键确定椭圆弧线垂直方向半径;此时十字光标跳到椭圆弧线的起点位置,确定椭圆弧线起点位置后,单击鼠标左键固定,如图 3.48(d)所示;此时十字

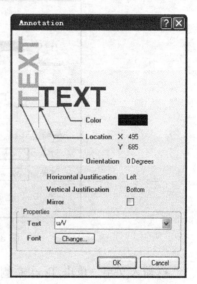

图 3.47 文字属性设置对话框

光标跳到椭圆弧线的终点,确定椭圆弧线的终点位置后,单击鼠标左键固定,如图 3.48(e)所示,至此一个椭圆弧线绘制完毕。此时光标仍是十字状态,可以继续绘制其他的椭圆弧线,或者单击右键退出。

其他绘图命令的使用,如绘制矩形、圆饼和多边形等,读者可以通过练习自行掌握,这里不再一一介绍。

3.4.4 放置文本框

按表 3.3 执行放置文本框命令,执行命令后,光标变成十字形,并带着一个矩形的虚框,此时按 Tab 键,可以打开 Text Frame(文本框)属性设置对话框,如图 3.49 所示。其中主要设置内容如下:

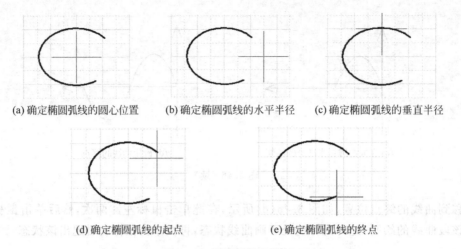

(a) 确定椭圆弧线的圆心位置　　(b) 确定椭圆弧线的水平半径　　(c) 确定椭圆弧线的垂直半径

(d) 确定椭圆弧线的起点　　　　　(e) 确定椭圆弧线的终点

图 3.48　椭圆弧线的绘制

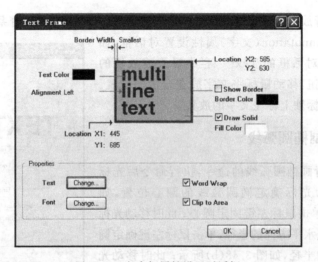

图 3.49　文本框属性设置对话框

- 输入文字　单击 Text 右侧的 Change 按钮,在弹出的对话框中输入相应的文字,输入完成单击 OK 按钮即可。
- 设置字体　单击 Font 右侧的 Change 按钮,可以弹出字体对话框,在该对话框中可以修改字体、字形、大小和颜色等信息。然后单击 OK 按钮即可。
- 修改文字颜色　单击 Text Color 右侧的颜色块,在弹出的选择颜色对话框中可以修改文字的颜色。

　　另外在此对话框中还可以修改文本框的边框颜色、设置是否显示边框、是否需要填充以及填充颜色等信息。设计完毕单击 OK 按钮,将文本框放到图纸合适的位置即可。

3.5　原理图电气规则检查

　　当电路原理图设计完成后,紧接着一个非常重要的任务就是检查电路中是否有不符合电气设计规则的地方,即对电路图中具有电气特性的各部分进行检查。例如检查原理图中是否有电气特性不一致的现象,是否有未连接的网络标号,是否有重复的元件标号等。只有确定了原理图电气连接的正确性之后,才能开始后面的 PBC 设计工作。

Protel DXP 提供的电气规则检查,是通过项目编译对原理图的电气连接特性进行自动检查来完成的,检查后产生的错误信息通过 Messages 工作面板给出。在进行项目编译之前,用户可以对项目选项进行设置。进行项目编译时,Protel DXP 将根据用户的设置检查整个设计项目。本节首先介绍如何通过项目选项进行电气规则的设置,然后通过对一个错误原理图的检查实例,介绍如何根据 Messages 面板给出的错误信息修改原理图。

3.5.1 电气检查规则的设置

原理图电气检查规则的设置是通过项目选项对话框来进行的,执行菜单命令 Project/Project Options,可以打开项目选项对话框,如图 3.50 所示。该对话框共有 10 个标签页,这里只对错误报告(Error Reporting)和连接矩阵(Connection Matrix)两个标签页的设置进行简单介绍。

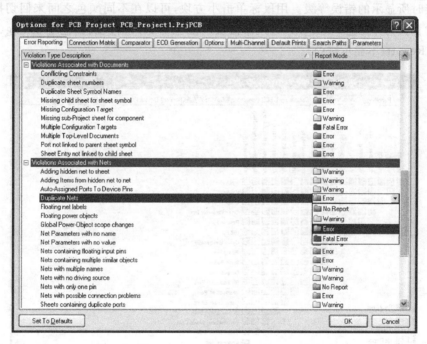

图 3.50 项目选项对话框

1. 错误报告标签页

错误报告标签页如图 3.50 所示。该标签页用于对各种电气连接错误指示的等级进行设置。Violation Type Description 列中列出了可以设置的错误类别,一共有以下 6 个类别:

- Violations Associated with Buses 与总线相关的错误指示等级设置。
- Violations Associated with Components 与元件电气连接相关的错误指示等级设置。
- Violations Associated with Documents 与文档相关的错误指示等级设置。

- Violations Associated with Nets　与网络电气连接相关的错误指示等级设置。
- Violations Associated with Others　与其他电气连接相关的错误指示等级设置。
- Violations Associated with Parameters　与参数类型相关的错误指示等级设置。

设置时,先在 Violation Type Description 列中选中某项,然后单击 Report Mode 列中相应的错误等级,会弹出一个下拉列表,如图 3.50 所示,其中有 4 个错误报告的级别:No Report(不显示错误)、Warning(警告)、Error(错误)和 Fatal Error(致命错误)。

单击该标签页中的 Set To Defaults 按钮,可以使设置恢复到系统安装时的默认设置。通常情况下,对该标签页的内容采用默认设置。

2. 连接矩阵标签页

单击项目选项对话框中的 Connection Matrix 标签,会弹出如图 3.51 所示的连接矩阵设置标签页。连接矩阵主要用来设置各种引脚或端口之间连接时所构成的错误等级。矩阵的行与列分别列出了引脚或端口的电气类型,行、列交叉处小方块的颜色表示这两个引脚或端口连接时所显示的错误等级。用鼠标单击小方块,可以在不同颜色之间来回切换。其中各颜色的含义为:红色 Fatal Error(致命错误)、橙色 Error(错误)、黄色 Warning(警告)和绿色 No Report(不显示错误)。

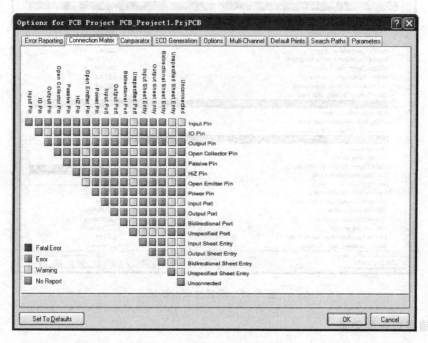

图 3.51　连接矩阵标签页

对话框左下角的 Set To Defaults 按钮可以使设置恢复到系统的默认设置。该标签页的内容通常都采用系统默认设置。

3.5.2　原理图编译实例

下面以图 3.52 所示的电路原理图为例,介绍原理图电气规则检查的方法。对项目选项标签页的内容采用系统默认设置，然后执行菜单命令 Project/Compile Document ＊. SchDoc。

VCC
R2
Res2
2k
R1
Res2
2k
C2
10µF
Cap Pol1
OUT
C1
IN
Cap Pol1
10µF
Q1
2N3904
R5
Res2
2k
R2
Res2
2k
R4
Res2
10k
C3
Cap Pol1
50µF

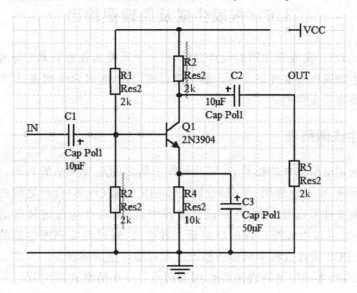

图 3.52　原理图编译实例

当项目被编译后，原理图中的错误会显示在一个 Messages 面板中，如图 3.53 所示。如果电路中没有错误，Messages 面板为空白状态。在项目编译后，如果系统没有自动打开 Messages 面板，可以通过如下方式打开：

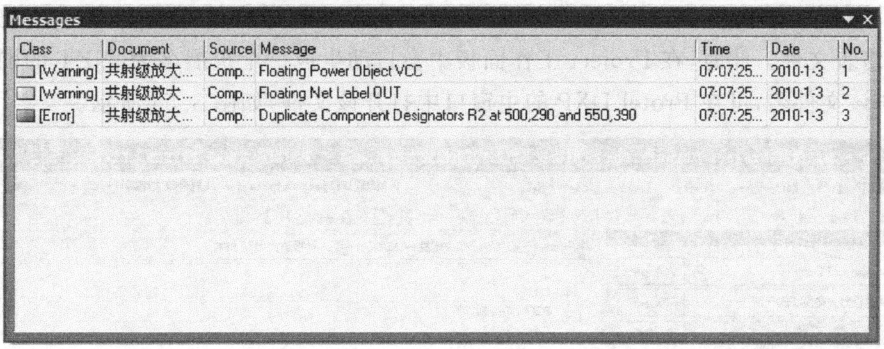

Messages
Class | Document | Source | Message | Time | Date | No.
[Warning] 共射级放大... Comp... Floating Power Object VCC 07:07:25... 2010-1-3 1
[Warning] 共射级放大... Comp... Floating Net Label OUT 07:07:25... 2010-1-3 2
[Error] 共射级放大... Comp... Duplicate Component Designators R2 at 500,290 and 550,390 07:07:25... 2010-1-3 3

图 3.53　Messages 面板中的错误信息

- 执行菜单命令 View/Workspace Panels/System/Messages。
- 在工作窗口单击鼠标右键，在弹出的快捷菜单中选择 Workspace Panels/System/Messages。
- 单击窗口右下角的 System 标签，在弹出的菜单中选择 Messages。

从 Messages 面板中的信息可以看出，该电路原理图共有 3 处错误，一是原理图中有未连接的电源符号 VCC；二是原理图中有未连接到导线上的网络标号 OUT；三是原理图中有重复的元件标号 R2。

按 Messages 面板中给出的错误信息修改原理图，再次进行项目编译，错误信息消失。

3.6 报表生成及原理图输出

采用 Protel DXP 完成原理图的设计之后,另一个重要的任务就是对原理图生成各种报表文件。例如生成网络表文件以支持印制电路板的设计,生成元件列表、层次项目组织列表等以供设计人员参考及存档。

3.6.1 生成网络表

网络表是描述电路元件的标号、封装及元件引脚之间连接关系的列表。网络表是电路板自动布线的灵魂,也是原理图(SCH)设计与印制电路板(PCB)设计之间的接口。由原理图生成的网络表文件可以导入到 PCB 设计文件中,以完成自动布局和自动布线工作。另外,网络表文件也可以由最终设计的电路板文件生成,通过与原理图生成的网络表文件比较,可以找出在 PCB 设计过程中所做的修改以及可能产生的错误。

总之,由原理图生成的网络表主要作用有两点:一是网络表可支持电路的模拟程序以及印制电路板的自动布线;二是可以与从印制电路板图中获得的网络表进行比较,进行核对查错。

1. 网络表的生成

下面以图 3.52 修改后的电路原理图为例介绍网络表的生成方法。在原理图编辑器中,执行菜单命令:Design/Netlist For Document/Protel,执行命令后,系统立即为当前原理图创建网络表文件。此时,在 Project 工作面板中会自动生成一个扩展名为.NET 的网络表文件,双击该文件名,可在 Protel DXP 的主窗口中打开该文件,如图 3.54 所示。

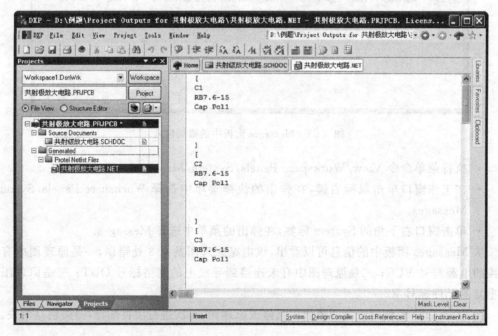

图 3.54 生成的网络表文件

2．网络表的格式

下面以图 3.54 所示的共射极放大电路的网络表为例，介绍网络表格式中最常用的 Protel 格式。网络表文件的结构可分为两部分，一是元件定义部分，二是网络定义部分。

1）元件定义部分形式

[　　元件定义开始符号；

C1　　元件标号（Designator）；

RB7.6-15　　元件封装（Footprint）；

Cap Pol1　　元件注释（Comment）；

]　　元件定义结束符号。

每一个元件的定义都是以"["开始，以"]"结束，每个元件的定义包括元件标号、元件封装和元件注释三部分。

2）网络定义部分形式

（　　网络定义开始符号；

VCC　　网络的名称；

R1-2　　连接到此网络的元件标号和引脚号；

R3-2　　连接到此网络的元件标号和引脚号；

）　　网络定义结束符号。

网络定义以"（"开始，以"）"结束，网络定义包括该网络的名称，在网络名称的下面几行是连接到该网络的所有元件标号及引脚号。如 R1-2 和 R3-2 表示电阻 R1 的第 2 引脚和电阻 R3 的第 2 引脚都连接到了网络 VCC 上。

3.6.2　生成元件列表

元件列表主要用于整理一个电路或一个项目中的所有元件，它主要包括元件描述、元件标号、元件封装和元件名称等内容。下面仍以图 3.52 所示的共发射极放大电路为例，介绍生成元件列表的方法。

执行菜单命令 Reports/Bill of Materials，执行命令后，会弹出 Bill of Materials For Project（元件列表）对话框，如图 3.55 所示。单击表格上方的不同标题，可以使表格中的内容按不同次序排列。表格右下方还有一些按钮，下面分别介绍。

- 　Report... 　按钮，单击此按钮可以生成报告预览对话框，如图 3.56 所示。在此窗口可以按比例放大或缩小报告单，单击 Print 按钮可以打印输出报告单。

- 　Export... 　按钮，单击此按钮可以弹出导出文件对话框，如图 3.57 所示，在文件保存类型中可以选择文件的保存格式，如 Excel 格式等。

- 　Excel... 　按钮，在选中下面的复选框 Open Exported 时，单击此按钮，系统会直接打开 Microsoft Excel 显示元件列表，如图 3.58 所示。

如果要简单快速地生成原理图的元件列表文件，还可以执行菜单命令 Reports/Simple BOM，执行命令后，在 Project 工作面板中将添加两个文件，文件扩展名分别为 .BOM 和 .CSV，用鼠标双击文件名可以打开该文件，如图 3.59 所示。

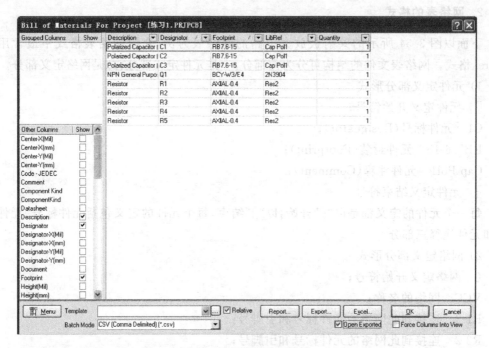

图 3.55　元件列表对话框

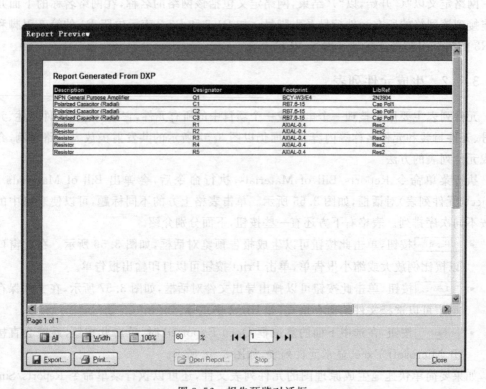

图 3.56　报告预览对话框

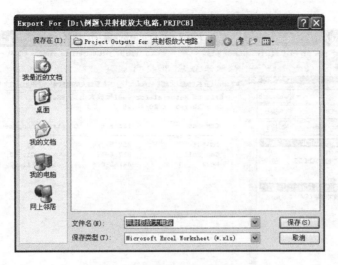

图 3.57 导出文件对话框

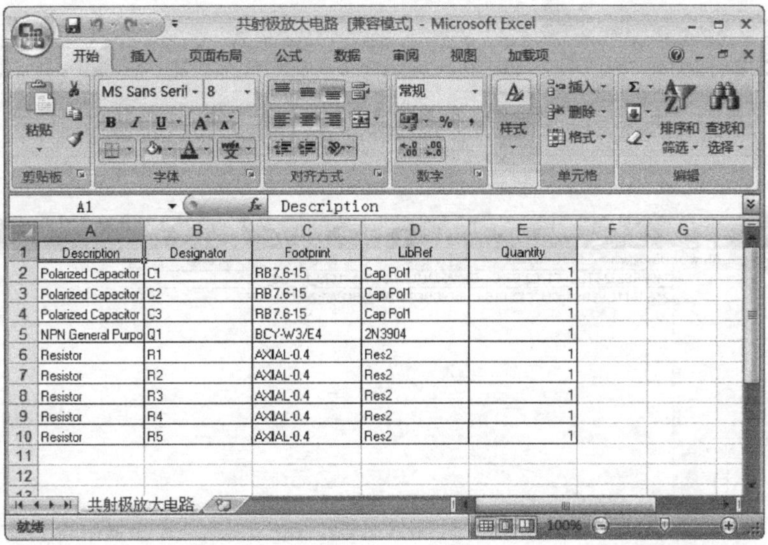

Description	Designator	Footprint	LibRef	Quantity
Polarized Capacitor	C1	RB7.6-15	Cap Pol1	1
Polarized Capacitor	C2	RB7.6-15	Cap Pol1	1
Polarized Capacitor	C3	RB7.6-15	Cap Pol1	1
NPN General Purpo	Q1	BCY-W3/E4	2N3904	1
Resistor	R1	AXIAL-0.4	Res2	1
Resistor	R2	AXIAL-0.4	Res2	1
Resistor	R3	AXIAL-0.4	Res2	1
Resistor	R4	AXIAL-0.4	Res2	1
Resistor	R5	AXIAL-0.4	Res2	1

图 3.58 输出的 Excel 元件列表文件

其中.BOM 文件罗列了原理图中的所有元件,.CSV 文件是原理图元件列表的控制文件。

3.6.3 生成交叉参考元件列表

交叉参考元件列表是为多张图纸中的每个元件列出其元件标号、名称以及所在的原理图文件名称。下面以 Protel DXP 自带的文件 4 Port Serial Interface 为例,介绍交叉参考元件列表的产生方法。

打开 4 Port Serial Interface 设计项目,执行菜单命令 Reports/component Cross Reference,执行命令后,系统会自动产生交叉参考元件列表对话框,如图 3.60 所示。

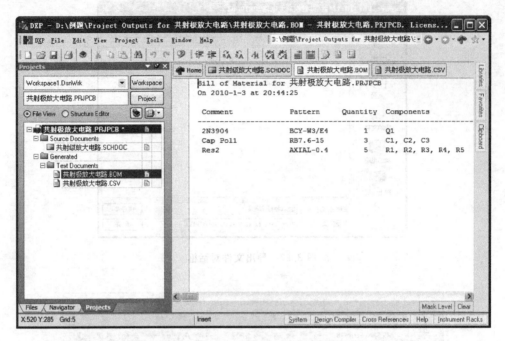

图 3.59　简单生成的元件列表文件

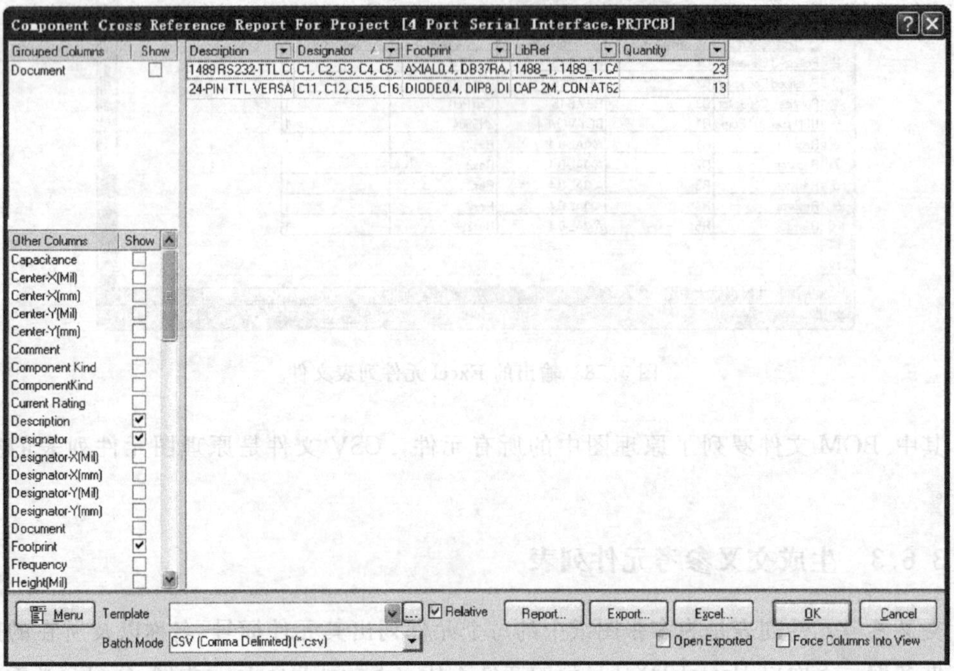

图 3.60　交叉参考元件列表

选择 BOM 弹出窗口下方的列表有右文本框，CSV 文本是默认指定的输出……

3.3　生成交叉参考元件列表

图 3.60 是利用 Protel DXP 生成的 [4 Port Serial Interface.PRJPCB] ……

具体操作方法如下：

打开一个已经设计好的项目后，执行菜单命令"Reports"company Cross Reference…，系统会自动生成交叉参考元件列表，如图 3.60 所示。

3.6.4 生成层次项目组织列表

层次项目组织列表用来描述项目文件中所包含的各原理图文件的文件名以及相互之间的层次关系。下面仍以 Protel DXP 自带的文件 4 Port Serial Interface 为例,介绍产生层次项目组织列表的步骤。

执行菜单命令 Reports/Report Project Hierarchy,执行命令后,系统会自动产生层次项目组织列表文件,文件扩展名为.REP,如图 3.61 所示。

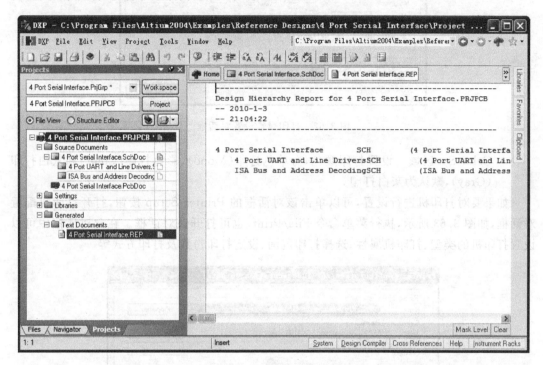

图 3.61 层次项目组织列表

3.6.5 原理图输出

原理图设计完成后,往往要通过打印机或绘图仪输出,以供设计人员参考、交流和存档。打印之前需要对打印属性及打印机进行设置,包括打印机的类型、纸张大小的设定以及原理图纸的设定等内容。

执行菜单命令 File/Page Setup,进入打印属性设置对话框,如图 3.62 所示。该对话框中设置的内容如下:

- Printer Paper 区域 设置打印纸的大小(Size),如 A4 图纸。还可以选择图纸的打印方向:Portrait(垂直方向打印)和 Landscape(水平方向打印)。
- Margins 区域 设置图纸的水平页边距和垂直页边距,一般采用默认值,选中 Center 复选框即可。
- Scaling 区域 设置原理图的打印比例,如果没有特殊要求,通常采用默认值,即 Fit Document On Page,表示根据打印纸的大小决定原理图打印的大小。

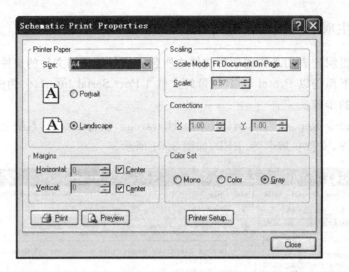

图 3.62 打印属性设置对话框

- Color Set 区域　设置打印颜色,有单色打印(Mono)、彩色打印(Color)和灰白打印(Gray),默认为灰白打印。

如果要对打印机进行设置,可以单击该对话框的 Printer Setup 按钮,打开打印机配置对话框,如图 3.63 所示,执行菜单命令 File/Print,也可打开该对话框。在此对话框中可以设置打印机的类型、打印机属性、选择打印范围、设定打印份数及打印方式等。

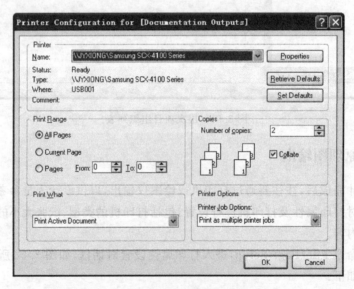

图 3.63 打印机配置对话框

打印机配置对话框的主要设置内容如下:
- Printer 区域　该区域的 Name 一栏中可以选择当前计算机中安装的打印机。
- Print Range 区域　设置打印范围,包括打印所有页面(All Pages)、打印当前页(Current Page)、也可以设置具体的页码范围。

- Copies 区域　设置打印份数。
- Print What 区域　设置打印内容。

其他参数采用默认值即可。完成所有的设置后，单击 OK 按钮返回到如图 3.62 所示的打印属性设置对话框，单击该对话框中的 Preview 按钮，会弹出打印预览对话框，如图 3.64 所示。

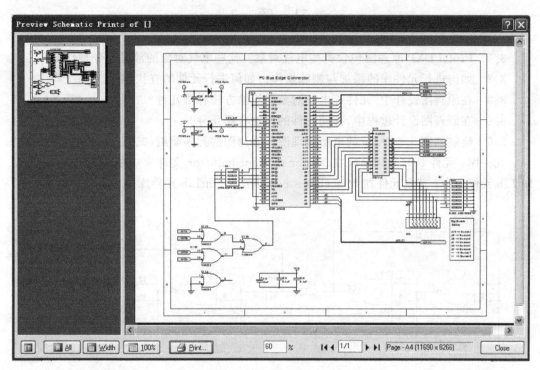

图 3.64　打印预览对话框

完成了所有打印参数的设置，就可以进行打印操作了，打印的操作命令有如下几种：
- 单击打印属性设置对话框或打印预览对话框中的 Print 按钮。
- 单击主工具栏上的图标 。
- 使用快捷键 Ctrl＋P。

3.7　小　　结

Protel DXP 中原理图的设计可以相对独立的完成，本章主要对原理图的一些基本操作做了详细介绍，主要包括以下几个方面的内容：

（1）元件库管理面板的使用，通过元件库管理面板可以进行元件库的添加和删除、元件的查找以及元件的放置等操作。

（2）介绍了 Protel DXP 原理图设计中有关元件的操作，包括元件的放置、元件属性的编辑，以及元件的选取、移动、旋转、复制、粘贴和删除等基本操作。

（3）介绍了 Protel DXP 布线工具栏的使用，包括绘制导线、放置节点、放置电源和接地符号、绘制总线、总线进出点和放置网络标号的方法，并介绍了这些电气图形符号属性的设置方法。

(4) 介绍了 Protel DXP 图形工具栏的使用以及非电气化图形及符号的编辑方法。

(5) Protel DXP 电气检查规则的设置以及原理图的编译。

(6) Protel DXP 中各种报表的生成方法以及原理图的打印输出方法。

习　题　3

3.1　Protel DXP 原理图包含哪些电气对象？这些电气对象的放置命令是什么？

3.2　如何进行元件库的添加与删除操作？如何进行元件的查找？

3.3　在原理图设计中,元件等电气对象的删除方法有哪几种？

3.4　在原理图设计过程中,移动元件的方法有哪几种？

3.5　绘制如图 3.65 所示的电路原理图。原理图的元件明细如表 3.4 所列。

元件库：元件 CD4011BMN 在 National Semiconductor 文件夹中的 NSC Logic Gate. IntLib 元件库中；其余元件在 Miscellaneous Devices. IntLib 元件库中。

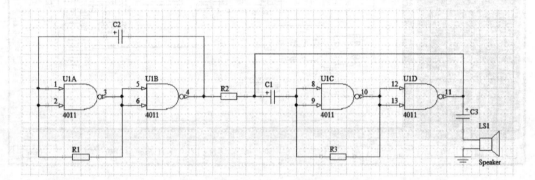

图 3.65　习题 3.5 电路

表 3.4　图 3.65 原理图元件明细

序号	元件名称 Library Ref	元件标号 Designator	元件注释 Comment	元件值 Value
1	Res2	R1	不显示	不显示
2	Res2	R2	不显示	不显示
3	Res2	R3	不显示	不显示
4	Cap Pol1	C1	不显示	不显示
5	Cap Pol1	C2	不显示	不显示
6	Cap Pol1	C3	不显示	不显示
7	Speaker	LS1	Speaker	—
8	CD4011BMN	U1	4011	—

3.6 绘制如图 3.66 所示的电路原理图。原理图的元件明细如表 3.5 所列。

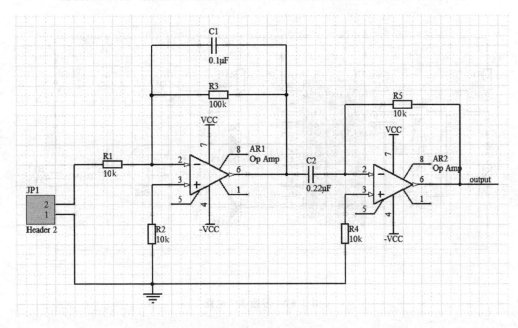

图 3.66 习题 3.6 电路

表 3.5 图 3.66 原理图元件明细

序号	元件名称 Library Ref	元件标号 Designator	元件注释 Comment	元件值 Value	元件所在元件库
1	Cap	C1	不显示	$0.1\mu F$	
2	Cap	C2	不显示	$0.22\mu F$	
3	Res2	R1	不显示	$10k\Omega$	
4	Res2	R2	不显示	$10k\Omega$	
5	Res2	R3	不显示	$100k\Omega$	Miscellaneous Devices. IntLib
6	Res2	R4	不显示	$10k\Omega$	
7	Res2	R5	不显示	$10k\Omega$	
8	Op Amp	AR1	Op Amp	—	
9	Op Amp	AR2	Op Amp	—	
10	Header2	JP1	Header2	—	Miscellaneous Connectors. IntLib

3.7 绘制如图 3.67 所示的电路原理图。原理图的元件明细如表 3.6 所列。

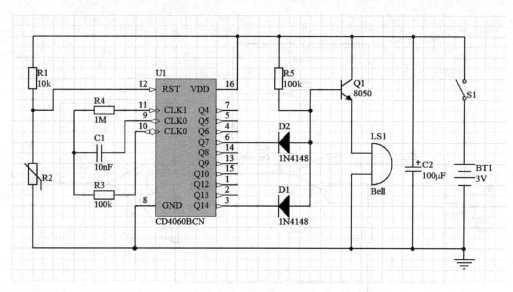

图 3.67 习题 3.7 电路

表 3.6 图 3.67 原理图元件明细

序号	元件名称 Library Ref	元件标号 Designator	元件注释 Comment	元件值 Value	元件所在元件库
1	Cap	C1	不显示	10nF	
2	Cap Pol1	C2	不显示	100μF	
3	Battery	BT1	3V	—	
4	Res2	R1	不显示	10kΩ	
5	Res2	R3	不显示	100kΩ	
6	Res2	R4	不显示	1MΩ	
7	Res2	R5	不显示	100kΩ	Miscellaneous Devices. IntLib
8	Res Varistor	R2	不显示	—	
9	2N3904	Q1	8050	—	
10	Diode 1n4148	D1,D2	1n4148	—	
11	SW-SPST	S1	不显示	—	
12	Bell	LS1	Bell	—	
13	CD4060BCN	U1	CD4060BCN	—	NSC Logic Counter. IntLib

3.8 绘制如图 3.68 所示的电路原理图。原理图的元件明细如表 3.7 所列。

元件库：所有元件均在 Miscellaneous Devices. IntLib 元件库中。

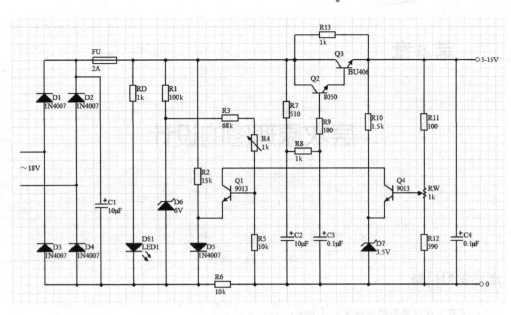

图 3.68 习题 3.8 电路

表 3.7 图 3.68 原理图元件明细

序号	元件名称 Library Ref	元件标号 Designator	元件注释 Comment	元件值 Value
1	Cap Pol1	C1,C2	不显示	10μF
2	Cap Pol1	C3,C4	不显示	0.1μF
3	Diode 1n4007	D1~D5	1N4007	—
4	D Zener	D6	6V	—
5	D Zener	D7	3.5V	—
6	Fuse1	FU	2A	—
7	LED1	DS1	LED1	—
8	Res2	R1	不显示	100kΩ
9	Res2	R2	不显示	15kΩ
10	Res2	R3	不显示	68kΩ
11	Res2	R5	不显示	10kΩ
12	Res2	R6	不显示	10kΩ
13	Res2	R7	不显示	510Ω
14	Res2	R8	不显示	1kΩ
15	Res2	R9	不显示	100Ω
16	Res2	R10	不显示	1.5kΩ
17	Res2	R11	不显示	100Ω
18	Res2	R12	不显示	390Ω
19	Res2	R13	不显示	1kΩ
20	Res2	RD	不显示	1kΩ
21	Res Adj2	R4	不显示	1kΩ
22	RPot	RW	不显示	1kΩ
23	2N3904	Q1	9013	—
24	2N3904	Q2	8050	—
25	2N3904	Q3	BU406	—
26	2N3904	Q4	9013	—

第4章

层次原理图的设计

本章介绍层次原理图的设计，主要内容包括：层次原理图的层次结构及设计方法，层次原理图系统总图的设计，由方块电路符号产生新原理图和由原理图文件产生方块电路符号的方法，层次原理图之间的切换。

4.1 层次原理图概述

由于图纸的限制以及阅读的方便，通常将一个复杂的电路画在多张图纸上，而它们之间组合的关系通常使用层次式结构，构成层次原理图。

在层次原理图的设计中，通常把一个完整的电路系统视为一个设计项目，将整个设计项目用多张原理图通过分层次的方法进行设计，这样不但使设计的电路原理图功能清晰，表达清楚，而且还大大降低了电路原理图绘制的复杂程度。另外，采用层次化的设计方法可以将整个设计任务划分，把不同的功能模块分配给不同的设计者完成。这样通过多人合作完成设计任务，可使设计更加专业并缩短了设计周期。

4.1.1 层次原理图的结构

根据电路的复杂程度不同，层次原理图的层次结构可以是两层或 3 层的。层次原理图设计时，首先将整个电路按功能的不同划分为若干个功能模块，每个功能模块对应一个模块电路原理图（或称子原理图），根据需要，模块电路原理图下面还可以包括其他的子原理图。

在层次原理图设计时，要按照电路的功能和结构对总体电路进行划分，划分的原则是使每个电路模块具有明确的功能特征,在结构上具有相对的独立性,并能在各模块之间正确地传递信号。因此,使用层次原理图设计的电路有两种表达方式,一种是描述整个电路结构的系统总图,另一种是对应于某一个具体模块的模块电路原理图。在系统总图中,各功能模块用"方块电路"表示,模块电路之间的电气连接通过总线、导线和方块电路端口来完成。系统总图中的每一个方块电路对应一个模块电路原理图。

下面以 Protel DXP 自带的 4 Port Serial Interface. PRJPCB 设计项目为例说明层次原理图的结构。

在 Protel DXP 中执行打开文件命令,打开 4 Port Serial Interface. PRJPCB 设计项目,在项目工作面板中选择原理图文件 4 Port Serial Interface. SchDoc 并打开,如图 4.1 所示。从 Project 面板中可以看出该层次原理图具有两层结构,4 Port Serial Interface. SchDoc 原理图文件下包括两个功能模块:串行接口和线性驱动模块(4 Port UART and Line Drivers. SchDoc)、ISA 总线和地址译码模块(ISA Bus and Address Decoding. SchDoc)。

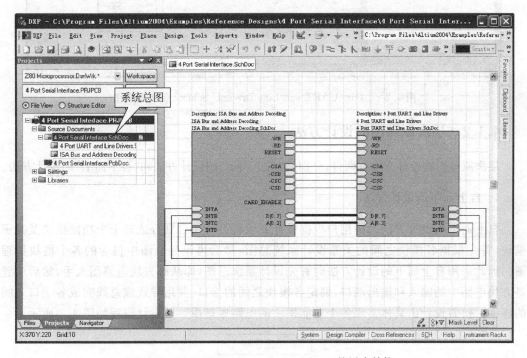

图 4.1　4 Port Serial Interface. SchDoc 的层次结构

由图 4.1 还可以看到,在层次原理图中,系统的总电路图非常简单,整个电路包含的两个电路模块,分别用两个方块电路表示,并且通过方块电路内的 I/O 端口、导线和总线表示出各模块之间的电气连接关系。每个方块电路对应于一个模块原理图,并且每个方块电路的文件名与 Project 面板中对应的模块原理图文件名相同。

在图 4.1 的 Project 面板中进行文件切换非常方便,例如,双击 Project 面板中的 4 Port UART and Line Drivers. SchDoc 文件名称,编辑窗口会立即显示出该原理图文件,如图 4.2 所示。

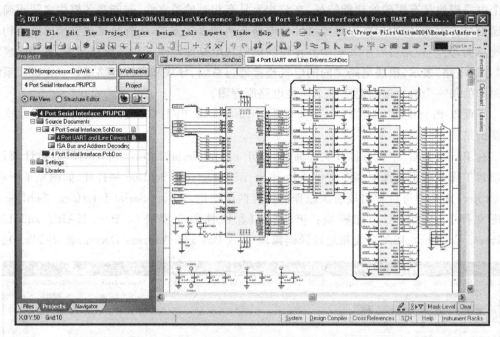

图 4.2　4 Port UART and Line Drivers. SchDoc 模块原理图

4.1.2　层次原理图的设计方法

层次原理图的设计方法有两种,分别是"自上而下"的设计方法和"自下而上"的设计方法。

1. 自上而下的设计方法

自上而下的设计方法是指用户根据设计要求将设计项目划分成若干个功能模块及其子模块,首先根据各模块之间的关系设计系统总图,然后再设计总图中包含的各个模块原理图。因此采用自上而下的设计方法时首先设计系统总图,即从画方块电路图入手,然后放置各方块电路中的输入和输出端口,确定各模块之间的接口,并用导线或总线完成各端口之间的连接。接着设计出具体实现各个功能模块的电路原理图。其设计流程如图 4.3 所示。

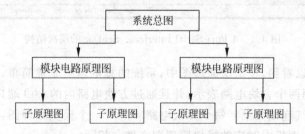

图 4.3　自上而下的层次原理图设计流程

2. 自下而上的设计方法

自下而上的设计方法是指用户将设计项目划分为若干个功能模块及其子模块后,首先绘制出各模块及其子模块对应的原理图,然后再生成相应的方块电路图,最后通过导线或总线将各方块电路连接起来,完成系统总图的绘制。其设计流程如图 4.4 所示。

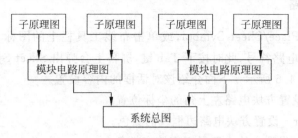

图 4.4 自下而上的层次原理图设计流程

4.2 层次原理图的设计

4.1 节介绍了层次原理图的设计方法,并通过浏览设计项目 4 Port Serial Interface. PRJPCB,初步介绍了层次原理图的结构,下面仍以设计项目 4 Port Serial Interface. PRJPCB 中的层次原理图为例,具体介绍层次原理图的设计方法。

4.2.1 系统总图的设计

如图 4.5 所示为设计项目 4 Port Serial Interface. PRJPCB 的系统总原理图,该电路由两个电路模块组成。系统总图的设计首先从绘制方块电路开始,然后放置方块电路的输入和输出端口,最后用导线和总线将同名端口连接起来。该电路的设计步骤如下。

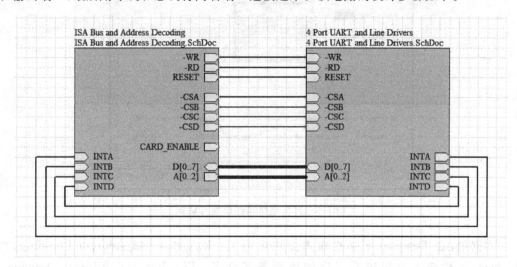

图 4.5 系统总图的设计举例

1. 建立设计项目

首先创建一个设计项目,执行菜单命令 File/New/PCB Project,建立一个名为 4 Port Serial Interface 的项目文件。然后在该项目下创建一个原理图文件,并将原理图文件命名为 4 Port Serial Interface. SchDoc。

2. 绘制方块电路

执行菜单命令 Place/Sheet Symbol,或单击布线工具栏上的图标 ▨,光标变成十字形,并带着一个方块电路符号,此时按下 Tab 键,屏幕上会弹出 Sheet Symbol(方块电路)属性设置对话框,如图 4.6 所示。下面介绍该对话框的内容设置。

- Location　设置方块电路左上角的坐标位置。
- Border Color　设置方块电路边框线的颜色。
- Draw Solid　设置方块电路是否有填充颜色。
- Fill Color　设置方块电路的填充颜色。
- X-Size,Y-Size　设置方块电路的宽度和高度。
- Border Width　设置方块电路边框线的宽度。
- Designator　设置方块电路的名称。
- Filename　设置方块电路对应的原理图文件名。
- Show Hidden Text Fields　设置是否显示隐藏的文本区域。
- Unique Id　设置方块电路的唯一编号,可以通过右边的 Reset 按钮进行设置。

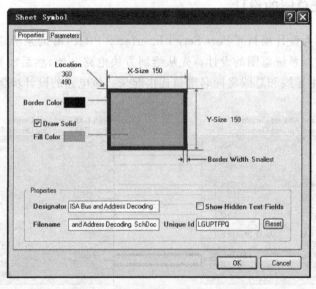

图 4.6　方块电路属性设置对话框

本例中,在 Designator 一栏输入方块电路名:ISA Bus and Address Decoding,在 Filename 一栏输入方块电路对应的原理图文件名:ISA Bus and Address Decoding. SchDoc,注意方块电路原理图的主文件名与方块电路名一致,其他选项采用默认设置。

设置完成后,单击 OK 按钮,此时处于放置方块电路状态,将光标移到适当的位置后,单击鼠标左键,确定方块电路左上角的位置。然后移动鼠标到合适的位置后,单击鼠标左键,确定方块电路右下角的位置。绘制完一个方块电路后,鼠标仍处于放置方块电路状态,单击鼠标右键退出该状态。

用同样的方法绘制另一个方块电路模块。绘制完成的方块电路如图 4.7 所示。

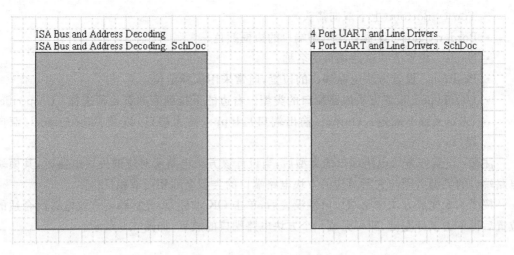

图 4.7 绘制完成的方块电路模块

3. 放置方块电路端口

执行菜单命令 Place/Add Sheet Entry,或单击布线工具栏上的图标 ,光标变成十字形,将光标移到要放置端口的方块电路上单击,光标处出现方块电路端口的符号,此时处于放置方块电路端口状态,并且光标只能在该方块电路内部移动。

在此状态下,按 Tab 键,系统会弹出方块电路端口属性设置对话框,如图 4.8 所示。该对话框中的各选项含义如下:

- Fill Color　设置方块电路端口的填充颜色。
- Text Color　设置方块电路端口名称的文字颜色。
- Side　设置方块电路端口的放置位置,右边的下拉列表提供了 4 个选项:Left(左侧)、Right(右侧)、Top(顶部)和 Bottom(底部)。
- Style　设置方块电路端口的箭头形状,右边的下拉列表列出了 8 种选择:None (Horizontal)(水平方向无箭头)、Left(左箭头)、Right(右箭头)、Left&Right(左右双向箭头)、None(Vertical)(垂直方向无箭头)、Top(上箭头)、Bottom(下箭头)以及

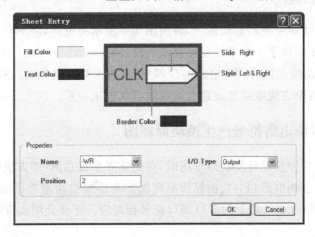

图 4.8 方块电路端口属性设置对话框

Top & Bottom(上下双向箭头)。

- Border Color　设置方块电路端口的边框颜色。
- Name　设置方块电路端口的名称。
- Position　设置方块电路端口的位置,通常采用鼠标定位。
- I/O Type　设置方块电路端口的类型。右边的下拉列表共有 4 种选择:Unspecified (未定义或不确定)、Output(输出端口)、Input(输入端口)以及 Bidirectional(双向端口)。

注意:设置好方块电路端口的类型后,当设计该方块电路所对应的模块电路时,其模块电路端口的类型必须与它所对应的方块电路端口的类型全部相同或相反。

按图 4.8 完成方块电路端口属性设置后,单击 OK 按钮,将光标移到方块电路内合适的位置后再单击鼠标左键,即可完成一个方块电路端口的放置,如图 4.9 所示。

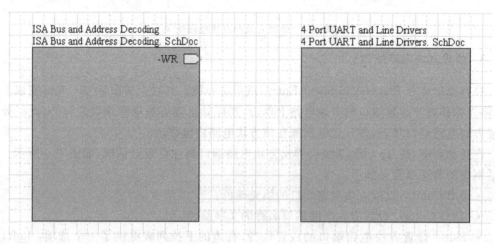

图 4.9　放置了一个方块电路端口

用同样的方法,参照图 4.5 所示的电路完成所有方块电路端口的放置。

4. 连接导线及总线

分别使用画导线命令及画总线命令,参照图 4.5 所示的电路,将不同方块电路中的同名端口连接在一起,即完成了一个系统总原理图的设计。

注意:对于与总线连接的方块电路 I/O 端口,在输入端口名称时,必须使用正确的总线标号,否则无法在两个方块电路之间建立正确的电气连接关系。

4.2.2　由方块电路符号产生模块原理图

采用自上而下的方法设计层次原理图时,首先建立系统总图(即方块电路图),然后再绘制与系统总图中各方块电路相对应的模块原理图。在绘制模块原理图时,模块原理图中的 I/O 端口符号必须和方块电路上的 I/O 端口符号相对应。下面介绍由方块电路直接产生模块原理图的方法。

(1) 在系统总图编辑窗口,执行菜单命令 Design/Create Sheet From Symbol,执行命令后,光标变成十字形,把光标移动到某一方块电路上,例如 ISA Bus and Address Decoding 上,如图 4.10 所示。

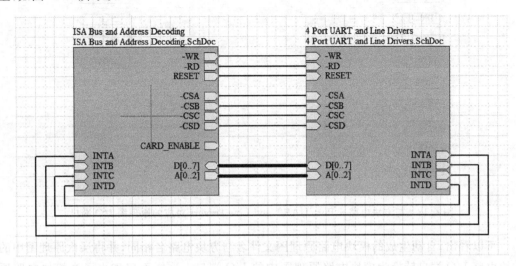

图 4.10 移动光标到方块电路上

(2) 单击鼠标左键,会弹出确认 I/O 端口电气特性对话框,如图 4.11 所示。该对话框询问是否使原理图中的端口电气特性与方块电路的端口特性反向。单击 Yes 表示相反;单击 No 表示相同。

图 4.11 确认端口电气特性对话框

(3) 单击对话框中的 No 按钮,此时系统会自动生成一个文件名为 ISA Bus and Address Decoding. SchDoc 的原理图文件,并布置好 I/O 端口,如图 4.12 所示。

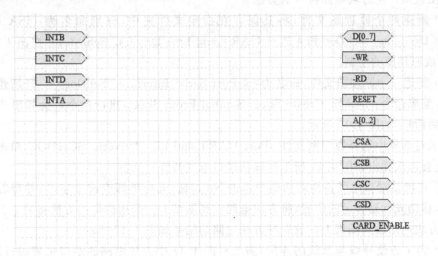

图 4.12 与方块电路 ISA Bus and Address Decoding 对应的原理图 I/O 端口

使用相同的方法,生成与方块电路 4 Port UART and Line Drivers 相对应的原理图文件 4 Port UART and Line Drivers. SchDoc,其原理图中的端口如图 4.13 所示。

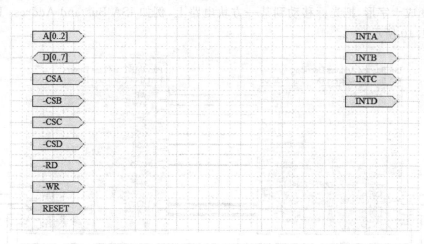

图 4.13　与方块电路 4 Port UART and Line Drivers 对应的原理图 I/O 端口

可以看出,自动生成的模块电路原理图文件名与方块电路名相同,并将层次原理图中的方块电路 I/O 端口转换为模块电路原理图中的 I/O 端口。这样不仅省去了在模块电路原理图中重新放置 I/O 端口的操作,也保证了模块电路中 I/O 端口与层次原理图中方块电路 I/O 端口的一致性。

(4) 在此基础上完成两个模块原理图的绘制,分别如图 4.14 和图 4.15 所示。

4.2.3　由原理图文件产生方块电路符号

如果采用自下而上的设计方法,则先绘制各模块电路原理图,然后再设计由方块电路构成的系统总图。下面仍以设计项目 4 Port Serial Interface. PRJPCB 中的原理图为例介绍由原理图直接产生方块电路符号的方法。

(1) 新建两个原理图文件,将其保存在指定文件夹中,分别命名为: ISA Bus and Address Decoding. SchDoc 和 4 Port UART and Line Drivers. SchDoc,并按图 4.14 和图 4.15 完成原理图的绘制。

(2) 新建一个原理图文件,命名为: 4 Port Serial Interface. SchDoc。打开新建的原理图,执行菜单命令: Design/Create Sheet Symbol From Sheet,执行命令后会弹出选择模块原理图对话框,如图 4.16 所示。

在该对话框中选择原理图文件 4Port UART and Line Drivers. SCHDOC,单击 OK 按钮,系统会再次弹出如图 4.11 所示的确认端口电气特性对话框。

(3) 在确认端口电气特性对话框中单击 No 按钮,光标随即变成十字形,并带着一个方块电路,移动光标到合适的位置,将方块电路放到图纸上。采用同样的方法将另一张原理图对应的方块电路放到图纸上。放置好方块电路的结果如图 4.17 所示。

(4) 为了方便导线与总线的连接,需要对图 4.17 中方块电路的端口位置进行调整,只需用鼠标直接拖动端口到合适的位置即可。调整后的方块电路如图 4.18 所示。

(5) 调整好端口位置后,用导线和总线将对应端口连接起来,完成后的系统总图如图 4.19 所示。

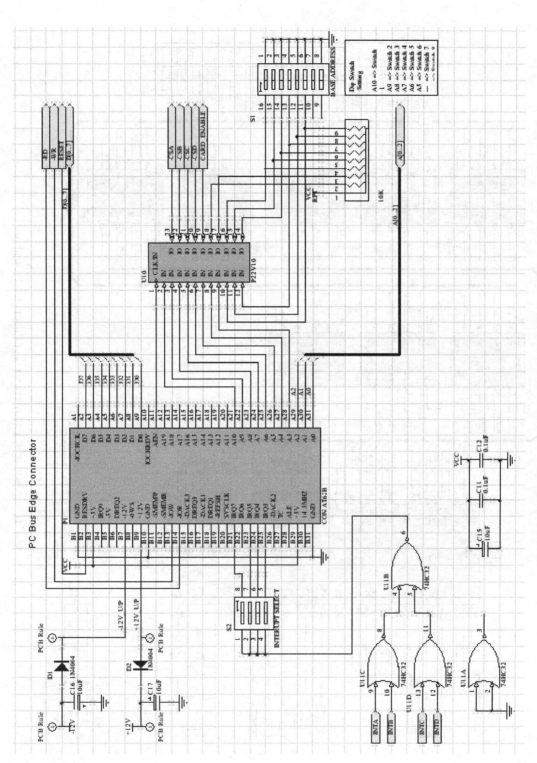

图 4.14 模块原理图 ISA Bus and Address Decoding. SchDoc

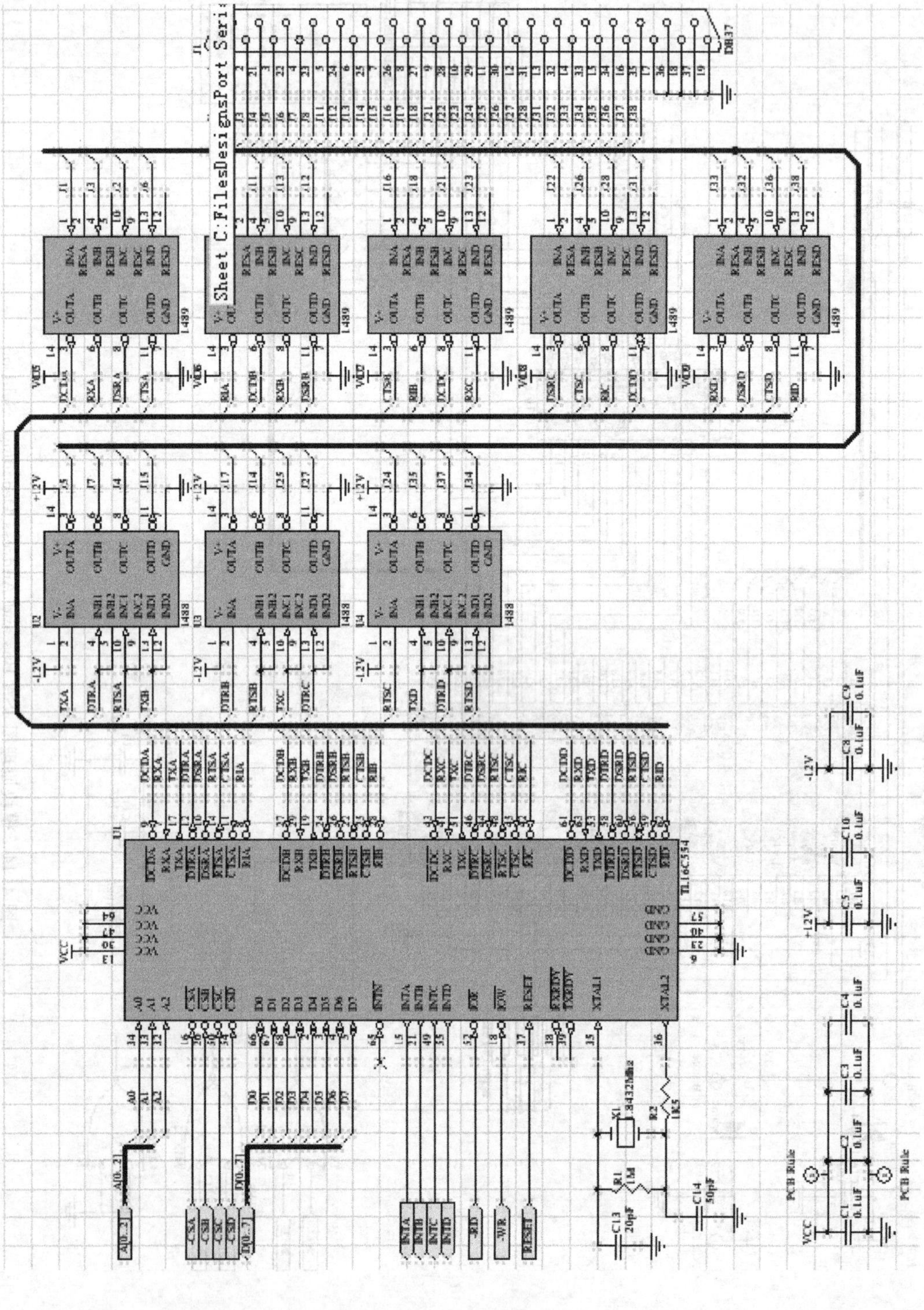

图 4.15 模块原理图 4 Port UART and Line Drivers. SchDoc

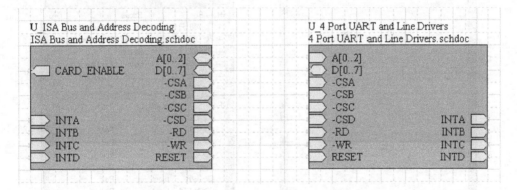

图 4.16 选择模块原理图对话框

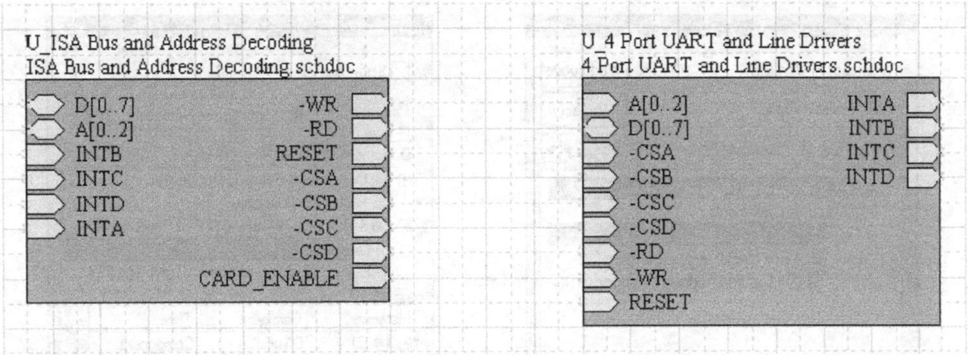

图 4.17 放置好方块电路的总图

图 4.18 调整好端口位置的方块电路图

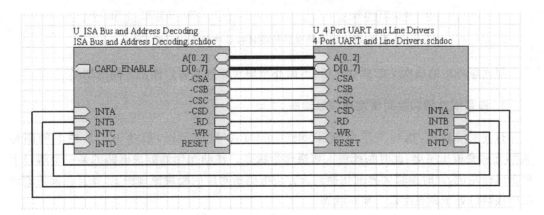

图 4.19 完成后的系统总图

4.3　层次原理图之间的切换

完成了层次原理图的设计后,执行菜单命令 Project/Compile PCB Project ∗.PRJPCB,对系统进行项目编译,编译后在项目工作面板和导航器(Navigator)工作面板上将显示出层次原理图的层次结构关系。同时导航器工作面板上还会显示出层次原理图中相关网络和节点等信息,如图 4.20 所示。

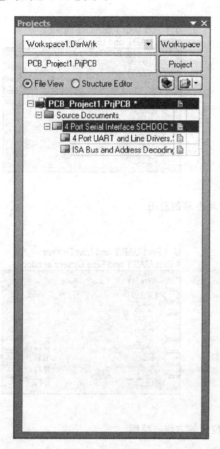

(a) 项目工作面板

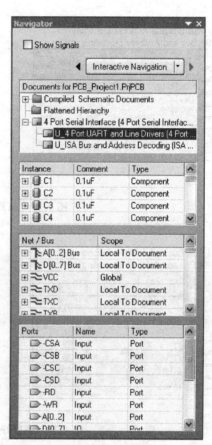

(b) 导航器工作面板

图 4.20　编译结束后的项目和导航器工作面板

层次原理图的层次关系建立之后,下面介绍层次原理图各层图纸之间的切换。

1. 由系统总图切换到指定模块原理图

打开系统总图,执行菜单命令 Tools/Up/Down Hierarchy,或单击工具栏上的图标,光标变成十字形,此时系统进入切换命令状态。移动光标到方块电路的某一个端口上单击鼠标左键,此时编辑区界面切换到该方块电路所对应的模块原理图上,并且在模块原理图中该端口处于高亮度最大显示状态。

2. 由模块原理图切换到系统总图

打开某一模块原理图,执行同样的操作命令进入到切换命令状态。然后移动十字光标到模块原理图的某一个连接端口上,单击鼠标左键,此时编辑区界面切换到系统总图中,并将方块电路中的该端口以高亮度最大显示。

4.4 小 结

(1) 介绍了层次原理图的层次结构及设计方法。层次原理图的设计方法有两种:一种是自上而下的设计方法,一种是自下而上的设计方法。

(2) 介绍了层次原理图系统总图的建立,绘制系统总图从绘制方块电路开始,然后在方块电路中放置方块电路端口,最后用导线和总线将同名端口连接起来。

(3) 介绍了由方块电路符号产生模块原理图的方法,以及由原理图文件产生方块电路符号的方法。由方块电路符号产生模块原理图的命令为 Design/Create Sheet From Symbol,由原理图文件产生方块电路符号的命令为 Design/Create Sheet Symbol From Sheet。

(4) 介绍了层次原理图层次关系的建立以及层次原理图之间的切换方法。

习 题 4

4.1　什么是层次原理图? 简述层次原理图两种设计方法的设计流程。

4.2　如何由方块电路符号产生新原理图? 如何由原理图文件产生方块电路符号?

4.3　如何进行层次原理图的切换?

4.4　练习绘制如图 4.21～图 4.23 所示的层次原理图。其中图 4.21 为系统总图,其原理图文件名为 TRI. SCHDOC,系统总图中的两个方块电路分别对应原理图 4.22 和图 4.23。

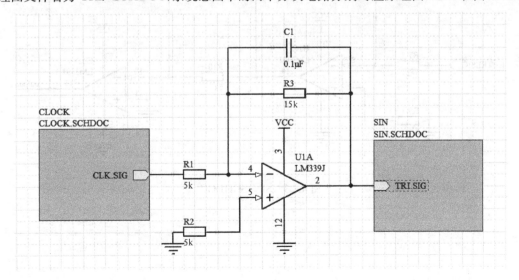

图 4.21　系统总图 TRI. SCHDOC

该层次原理图中的元件明细如表 4.1 所列。

元件库：LM339J 在 National Semiconductor 文件夹的 NSC Analog Comparator. IntLib 元件库中；其他元件在 Miscellaneous Devices. IntLib 元件库中。

说明：绘制该层次原理图时，可以采用自上而下的设计方法，即先绘制系统总图，然后再绘制系统总图中各方块电路对应的模块原理图；也可以采用自下而上的设计方法，即先绘制模块原理图，然后再绘制系统总图。

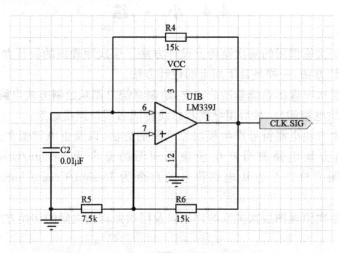

图 4.22　模块原理图 CLOCK.SCHDOC

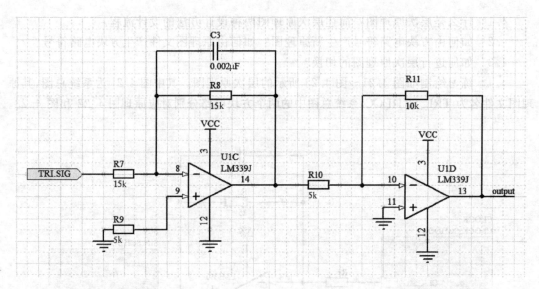

图 4.23　SIN.SCHDOC

表 4.1 习题 4.4 元件明细表

序号	元件名称 Library Ref	元件标号 Designator	元件注释 Comment	元件值 Value
1	Res2	R1	不显示	5kΩ
2	Res2	R2	不显示	5kΩ
3	Res2	R3	不显示	15kΩ
4	Res2	R4	不显示	15kΩ
5	Res2	R5	不显示	7.5kΩ
6	Res2	R6	不显示	15kΩ
7	Res2	R7	不显示	15kΩ
8	Res2	R8	不显示	15kΩ
9	Res2	R9	不显示	5kΩ
10	Res2	R10	不显示	5kΩ
11	Res2	R11	不显示	10kΩ
12	Cap	C1	不显示	0.1μF
13	Cap	C2	不显示	0.01μF
14	Cap	C3	不显示	0.002μF
15	LM339J	U1	LM339J	—

第5章

创建原理图元件

本章学习目标

- 掌握原理图元件库的创建方法;
- 认识原理图元件编辑器,了解 SCH 库管理面板和元件绘图工具的使用;
- 掌握原理图元件的制作方法,了解多子元件的制作方法;
- 了解在 Protel DXP 中使用 Protel 99SE 元件库的方法。

Protel DXP 为用户提供了丰富的元件库,但对于一些特殊的元件或新开发的元件,元件库中没有提供,这就需要用户自己创建元件。SCH 元件的创建与编辑是在原理图元件编辑器中进行的,通常在创建自己的元件之前,先要建立自己的 SCH 元件库,并通过元件库对原理图元件进行统一管理。本章首先介绍原理图元件库的创建方法,然后介绍 SCH 元件编辑器的使用,并通过实例介绍原理图元件的制作方法,最后介绍在 Protel DXP 中使用 Protel 99SE 元件库的方法。

5.1 创建原理图元件库

创建 SCH 元件库的方法有两种,一种是通过新建一个 SCH 元件库文件来完成,另一种是在原理图编辑器中将当前原理图中的所有元件组成一个新的元件库。用户在创建或编辑原理图元件时,为了避免对系统自带库的影响,建议无论是创建新元件还是编辑已有的元件,都在自建的元件库中进行。

5.1.1 创建新的元件库文件

执行菜单命令 File/New/Schematic Library,即在设计窗口中新建一个默认文件名为 Schlib1. SchLib 的元件库文件,同时进入元件编辑器。

单击元件编辑器的 SCH Library 面板标签,可以打开 SCH 库管理面板,如图 5.1 所示。SCH 库管理面板中新建元件的默认名称为 Component_1。如果执行菜单命令 Tools/Rename Component,可以对元件进行改名;如果执行菜单命令 Tools/New Component,可以继续创建一个新的元件。

执行文件保存命令 File/Save，可以将新建的元件库文件在指定路径下以指定的文件名称保存。

5.1.2 对当前原理图文件创建一个元件库

下面以第 2 章的图 2.17 所示的共发射极放大电路的原理图文件为例，对该文件创建一个 SCH 元件库。打开共发射极放大电路，进入原理图编辑器，执行菜单命令 Design/Make Project Library，即可创建一个与当前设计文件同名的 SCH 元件库文件，同时进入到 SCH 元件编辑器界面，新建的元件库文件出现在 Project 工作面板中，文件扩展名为.SCHLIB，把当前原理图文件中的所有元件都添加到新建的元件库中。打开此时的 SCH Library 面板，如图 5.2 所示。

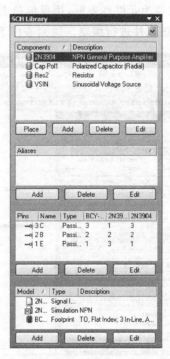

图 5.1　新建的 SCH 库管理面板　　　　图 5.2　从原理图文件创建的 SCH 库管理面板

5.2　原理图元件编辑器

元件编辑器界面如图 5.3 所示，元件编辑器也是由菜单栏、工具栏、工作面板、编辑窗口及状态栏等部分组成的。元件编辑器与前面介绍的原理图编辑器一样，提供了相同的画面管理，包括显示画面的放大和缩小等操作，各种工作面板以及工具栏的打开与关闭操作，这里不再赘述。

与原理图编辑器不同的是在元件编辑器的编辑区有一个十字坐标轴，将元件编辑区划分为四个象限。象限的定义和数学上的定义相同，即右上角为第一象限，左上角为第二象限,左下角为第三象限,右下角为第四象限,通常元件的编辑在第四象限进行。另外元件编辑器提供了 SCH 库管理面板,用来对元件库中的元件进行管理。并且在实用工具栏中提供了绘制元件用的绘图工具和放置 IEEE 符号工具。

下面详细介绍 SCH 元件编辑器中的 SCH 库管理面板、元件绘图工具以及放置 IEEE 符号工具的内容。

5.2.1　SCH 库管理面板

Protel DXP 为元件编辑器提供了 SCH 库管理面板,用来对 SCH 元件库中的元件进行管理,如图 5.1 和图 5.2 所示。SCH 库管理面板的主要内容如下:

(1)第一行的空白栏为过滤器,用于查找或筛选元件,在栏中输入元件的名称,符合条件的元件就会出现在下面的元件列表框中。

(2)第二栏为元件列表框,用鼠标单击框中的某一元件名称,该元件即会出现在编辑器窗口,可以对该元件进行编辑。该列表框下面还有 4 个按钮,下面分别介绍。

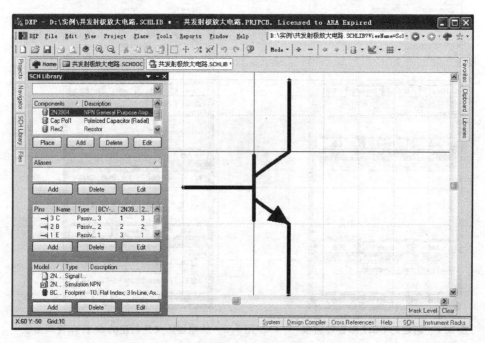

图 5.3　原理图元件编辑器

• Place 按钮　用来将元件列表框中选中的元件放置到原理图编辑器中。单击该按钮后,系统会自动切换到原理图编辑器,此时可将选中的元件放置到原理图图纸上。

• Add 按钮　用来执行添加新元件的操作,单击此按钮,系统会弹出新建元件名称对话框,如图 5.4 所示,输入新添加的元件名称后,单击 OK 按钮,新添加的元件就会显示在元件列表框中。

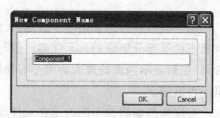

图 5.4　新建元件名称对话框

- Delete 按钮　用来删除元件列表框中选中的元件。
- Edit 按钮　单击该按钮,可以打开元件列表框中选中元件的属性编辑对话框,对该元件的属性进行编辑。

(3) 第三栏 Aliases 为原理图元件的别名栏,单击下面的 Add、Delete、Edit 按钮可以完成对元件别名的添加、删除和属性编辑工作。

(4) 第四栏列出了元件列表框中选中元件的引脚信息。单击下面的 Add、Delete、Edit 按钮可以完成对元件引脚的添加、删除和属性编辑工作。

(5) 第五栏列出了元件的其他模型,如元件封装模型及仿真模型等。单击下面的 Add、Delete、Edit 按钮可以完成对元件模型的添加、删除和属性编辑工作。

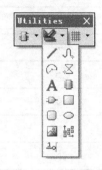

图 5.5　绘图工具栏

5.2.2　元件绘图工具

原理图元件编辑器中的绘图工具位于实用工具栏上的图标 的下拉按钮下面,如图 5.5 所示。绘图工具栏的图标和菜单中的一些命令相对应,其中各图标的功能以及与菜单命令的对应关系如表 5.1 所列。

表 5.1　绘图工具图标的功能以及与菜单命令的对应关系

图　标	功　能	对应菜单命令
/	画直线	Place/Line
∿	画贝塞尔曲线	Place/Bezier
⌒	画椭圆弧线	Place/Elliptical Arc
⊠	画多边形	Place/Polygon
A	放置文字	Place/Text String
▯	添加新元件工具	Tools/New Component
▷	添加子元件工具	Tools/New Part
▢	画直角矩形	Place/Rectangle
▢	画圆角矩形	Place/Round Rectangle
⬭	画椭圆及圆形	Place/Ellipse
▨	粘贴图片	Place/Graphic
▦	阵列式粘贴组件	Edit/Paste Array
⌐o	放置元件引脚工具	Place/Pin

5.2.3　放置 IEEE 符号工具

SCH 元件编辑器中的放置 IEEE 符号工具位于实用工具栏上的图标 的下拉按钮下面,如图 5.6 所示。放置 IEEE 符号工具的图标和菜单项 Place 下面 IEEE Symbols 子菜单中的命令相对应,其中各图标的功能以及与菜单命令的对应关系如表 5.2 所列。

图 5.6　放置 IEEE 符号工具

表5.2 IEEE 符号图标的功能以及与菜单命令的对应关系

图　标	功　能	菜单 Place/IEEE Symbols 下
○	放置低态触发信号	Dot
←	放置向左信号流	Right Left Signal Flow
▷	放置上升沿触发时钟脉冲	Clock
⌐∟	放置低态触发输入信号	Active Low Input
⌐	放置模拟信号输入符号	Analog Signal In
✳	放置无逻辑性连接符号	Not Logic Connection
⌐	放置具有延迟性输出的符号	Postponed Output
⌂	放置具有开集极输出的符号	Open Collector
▽	放置高阻抗状态符号	HiZ
▷	放置高输出电流符号	High Current
⊓	放置脉冲符号	Pulse
⊢⊣	放置延时符号	Delay
]	放置多条 I/O 线组合符号	Group Line
}	放置二进制组合的符号	Group Binary
⊥	放置低态触发输出符号	Active Low Output
π	放置 π 符号	Pi Symbol
≥	放置大于等于符号	Greater Equal
⌂	放置具有提高阻抗的开集极输出符号	Open Collector Pull Up
◇	放置开发射极输出符号	Open Emitter
◇	放置具有电阻接地的开射极输出符号	Open Emitter Pull Up
#	放置数字输入信号	Digital Signal In
▷	放置反相器符号	Invertor
◁▷	放置双向符号	Input Output
←	放置数据左移符号	Shift Left
≤	放置小于等于符号	Less Equal
Σ	放置 Σ 符号	Sigma
⊓	放置施密特触发输入特性符号	Schmitt
→	放置数据右移符号	Shift Right

5.3 原理图元件的制作

本节以图 5.7 所示的 LED 数码显示器为例介绍原理图元件的制作过程。

1. 新建元件库文件

执行菜单命令 File/New/Schematic Library,即在设计窗口新建一个元件库文件,默认文件名为 Schlib1. SchLib。

执行文件保存命令 File/Save,会弹出文件另存为对话框,在该对话框中将元件库文件保存在指定路径下,并将文件命名为 My Schlib. SchLib。

2. 命名新元件

在元件编辑器中打开 SCH 库管理面板,可以看到元件库中新建的元件默认名称为 Component_1。执行菜单命令 Tools/Rename Component,会弹出元件改名对话框,如图 5.8 所示。在该对话框中将元件名称改为 LED,单击 OK 按钮确认。此时在 SCH 库管理面板中可以看到元件改名后的结果。

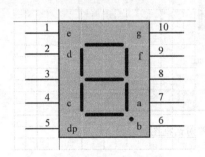

图 5.7 LED 数码显示器

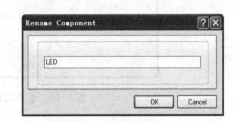

图 5.8 元件改名对话框

3. 设置工作区环境

执行菜单命令：Tools/Document Options,系统会弹出工作区设置对话框,如图 5.9 所示。该对话框中的 Options 区域用于标准图纸的设置,Custom Size 区域用于自定义图纸的设置,Colors 区域用于设置图纸边框及工作区的颜色,Grids 区域用于锁定网格和可视网格的设置,这里将 Snap(锁定网格)设置为 2。其他选项均采用默认设置,设置完成后单击 OK 按钮即可。

4. 绘制元件轮廓

1) 绘制矩形符号

执行菜单命令 Place/Rectangle,或单击绘图工具栏上的图标 □,光标变成十字形,并带着一个矩形符号,系统处于放置矩形状态,此时按 Tab 键可以打开矩形属性设置对话框,如图 5.10 所示。用鼠标双击放置好的矩形也可打开该对话框。对话框中的具体设置内容如下：

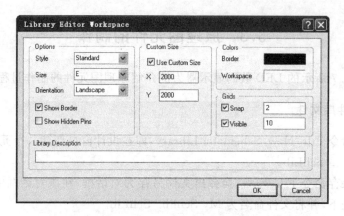

图 5.9　工作区设置对话框

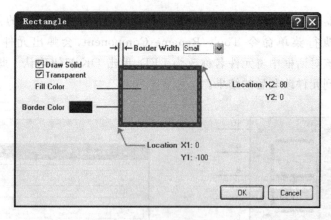

图 5.10　矩形属性设置对话框图

- Border Width　设置矩形边框线的宽度,本例将矩形边框线宽设置为 Small。
- Draw Solid　设置矩形内部是否有填充颜色。
- Transparent　设置矩形内部是否处于透明状态,本例选中该项。
- Fill Color　设置矩形填充颜色。
- Border Color　设置矩形边框线的颜色。
- Location X1,Y1 和 Location X2,Y2　设置矩形左下和右上两个顶点的坐标。通常情况下不进行设置,而是在绘制矩形时通过鼠标确定矩形顶点的位置。

完成对话框的设置,单击 OK 按钮。在图纸的第四象限绘制好矩形,如图 5.11 所示。

2) 绘制 LED 笔段

执行菜单命令:Place/Line,或单击绘图工具栏上的图标 ╱,光标变成十字形,此时按 Tab 键打开直线属性编辑对话框,将直线的线宽设置为 Medium。按图 5.11 绘制

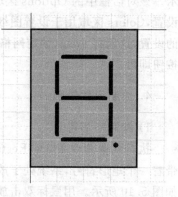

图 5.11　绘制元件轮廓

字形段的直线部分。

3）绘制小数点

绘制小数点使用画椭圆或圆形命令，执行菜单命令 Place/Ellipses，或单击绘图工具栏上的图标 ⬭，执行命令后光标变成十字形，处于画圆形状态。首先移动光标到合适的位置确定圆心，如图 5.12(a)所示；然后确定 X 轴方向半径，如图 5.12(b)所示；最后确定 Y 轴方向半径，如图 5.12(c)所示。

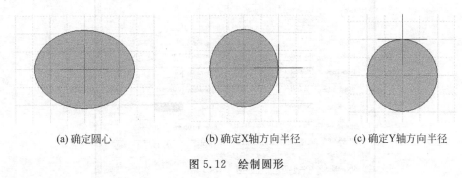

(a) 确定圆心　　　　　　(b) 确定X轴方向半径　　　　　(c) 确定Y轴方向半径

图 5.12　绘制圆形

使用上述画圆形的方法按图 5.11 绘制小数点，在画小数点前打开其属性设置对话框，对其填充颜色进行修改。

5. 放置引脚

执行菜单命令 Place/Pin，或单击绘图工具栏上的图标 ⌐，光标变成十字形，并带着一个元件引脚，系统处于放置引脚状态，此时按 Tab 键，可以打开引脚属性设置对话框，如图 5.13 所示。在放置好的引脚上双击也可打开该对话框，该对话框中的主要设置内容如下：

- Display Name　设置引脚名称，后面的 Visible 用于设置是否显示引脚名称。
- Designator　设置引脚编号，后面的 Visible 用于设置是否显示引脚编号。
- Electrical Type　设置引脚的电气特性类型。右边的下拉列表中有 8 个选项，包括：Input(输入引脚)、IO(输入输出双向引脚)、Output(输出引脚)、Open Collector(集电极开路引脚)、Passive(无源引脚)、HiZ(三态引脚)、Emitter(发射极引脚)和Power(电源和接地引脚)。
- Description　设置引脚的描述信息。
- Hide　设置是否隐藏该引脚，选中表示隐藏。
- Part Number　设置元件所包含的子元件数。
- Inside　设置引脚在元件内部的表示符号，共有 12 个选项，包括：No Symbol(无符号)、Postponed Output(延迟输出)、Open Collector(集电极开路)、Hiz(高阻态)、High Current(高电流)、Pulse(脉冲)、Schmitt(施密特触发)、Open Collector Pull Up(集电极开路上拉)、Open Emitter(发射极开路)、Open Emitter Pull Up(发射极开路上拉)、Shift Left(左移)以及 Open Out(开路输出)。
- Inside Edge　设置引脚在元件内部边框上的表示符号，只有两个选项：No Symbol(无符号)和 Clock(时钟符号)。

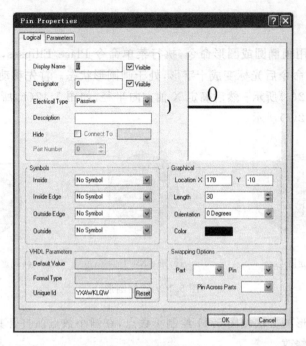

图 5.13　引脚属性设置对话框

- Outside Edge　设置引脚在元件外部边框上的表示符号,共有 4 个选项:No Symbol（无符号）、Dot（相反电平触发）、Active Low Input（低电平输入）以及 Active Low Output（低电平输出）。
- Outside　设置引脚在元件外部的表示符号,共有 7 个选项:No Symbol（无符号）、Right Left Signal Flow（向左信号流）、Analog Signal In（模拟信号输入）、Not Logic Connection（悬空）、Digital Signal In（数字信号输入）、Left Right Signal Flow（向右信号流）以及 Bidirectional Signal Flow（双向信号流）。
- Location　设置引脚的坐标位置。
- Length　设置引脚的长度。
- Orientation　设置引脚的放置方向。
- Color　设置引脚的颜色。

VHDL Parameters 区域是针对 VHDL 元件进行设置的,Swapping Options 区域是针对多子元件引脚属性进行设置的,这里均不进行设置。

表 5.3 列出了 LED 元件各个引脚的属性,按表 5.3 对每个引脚的属性进行设置,未涉及的属性采用默认值,完成所有引脚的放置后,如图 5.7 所示。

6. 添加元件模型

完成了原理图元件的绘制,下面就是为原理图元件添加元件封装（Footprint）模型,添加元件封装模型的操作步骤如下:

（1）SCH 库管理面板最下面一栏为元件模型的管理部分,单击该栏下面的 Add 按钮,系统会弹出添加新模型对话框,如图 5.14 所示。该对话框的 Model Type 下拉列表中列出

表5.3 LED的引脚特性

引脚编号 Designator	是否显示引脚编号 Visible	引脚名称 Display Name	是否显示引脚名称 Visible
1	显示	e	显示
2	显示	d	显示
3	显示	DIG	不显示
4	显示	c	显示
5	显示	dp	显示
6	显示	b	显示
7	显示	a	显示
8	显示	DIG	不显示
9	显示	f	显示
10	显示	g	显示

了元件的4种模型,包括元件封装模型、仿真模型、PCB 3D 显示模型和信号完整性分析模型,这里选择 Footprint(元件封装模型)。

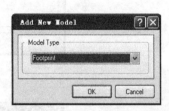

(2) 单击图5.14对话框中的 OK 按钮,系统会继续弹出 PCB 模型设置对话框,如图5.15所示。

(3) 单击如图5.15所示的对话框中的 Browse 按钮,会弹出浏览库文件对话框,如图5.16所示。

图5.14 添加新模型对话框

图5.15 PCB模型设置对话框

(4) 单击如图5.16所示的对话框中的按钮 ,会弹出可用的元件库对话框。在该对话框的 Installed 标签页中加载 Libraries\Pcb 文件夹下的 DIP-LED Display.PcbLib 文件,如图5.17所示。加载封装库后单击 Close 按钮,返回到浏览库文件对话框,如图5.18所示。

也可以单击如图 5.16 所示的对话框的 Find 按钮启动查找元件封装对话框,通过查找元件封装加载相应的封装库。

(5) 在如图 5.18 所示的对话框中选择 LEDDIP-10/C5.31 元件封装,单击 OK 按钮,返回到如图 5.15 所示的对话框,再次单击 OK 按钮,即完成了 LED 元件封装模型的添加。此时在 SCH 库管理面板的模型栏中会出现该元件的 PCB 封装模型。

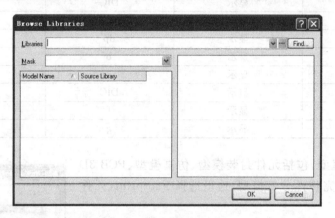

图 5.16　浏览库文件对话框

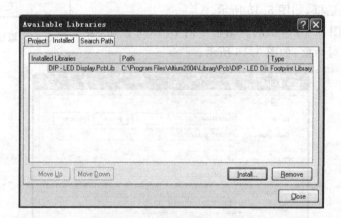

图 5.17　可用的元件库对话框

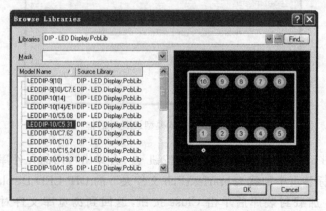

图 5.18　加载元件封装库后的浏览库文件对话框

7. 设置元件属性

完成了元件的绘制与模型的添加后,还需要设置原理图元件的默认标号等属性。单击SCH 库管理面板中 Components 列表框中的 Edit 按钮,会弹出库元件属性设置对话框,如图 5.19 所示。

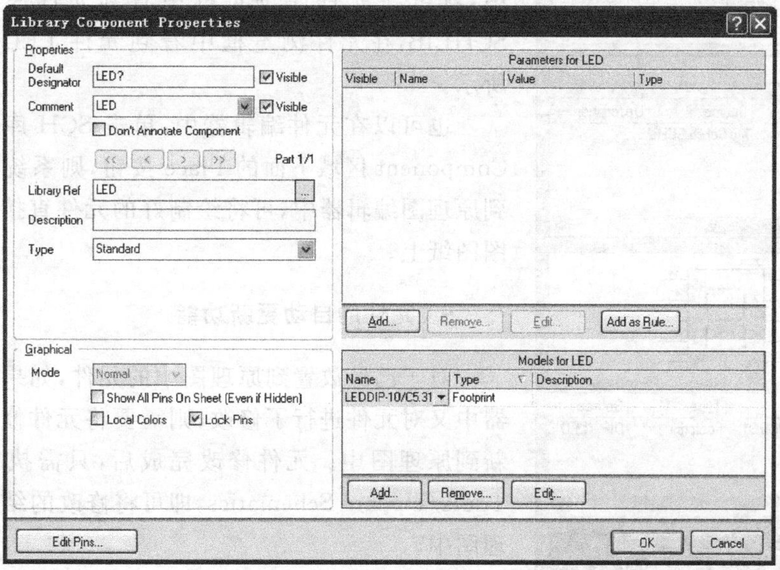

图 5.19 库元件属性设置对话框

在 Default Designator 一栏中输入元件的默认标号,本例输入 LED?,扩展名使用"?",当设置元件的标号以数字结尾时,可以在放置元件时使元件标号自动递增。在 Comment 一栏中输入在原理图中放置该元件时显示的说明文字,本例输入元件的名称为 LED。在元件模型框中,选择元件封装的类型,其他采用默认设置。

单击左下角的 Edit Pins 按钮,还可以弹出元件引脚编辑对话框,如图 5.20 所示。在该对话框中可以查看元件的引脚信息,同时还可以对元件的引脚进行编辑。

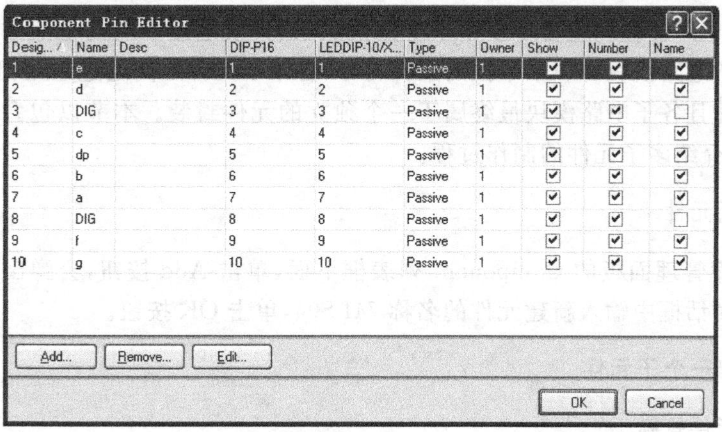

Desig...	Name	Desc	DIP-P16	LEDDIP-10/X	Type	Owner	Show	Number	Name
1	e		1	1	Passive	1	✔	✔	✔
2	d		2	2	Passive	1	✔	✔	✔
3	DIG		3	3	Passive	1	✔	✔	☐
4	c		4	4	Passive	1	✔	✔	✔
5	dp		5	5	Passive	1	✔	✔	✔
6	b		6	6	Passive	1	✔	✔	✔
7	a		7	7	Passive	1	✔	✔	✔
8	DIG		8	8	Passive	1	✔	✔	☐
9	f		9	9	Passive	1	✔	✔	✔
10	g		10	10	Passive	1	✔	✔	✔

图 5.20 元件引脚编辑对话框

8. 保存元件并在原理图中使用

执行保存文件命令,将制作的元件保存在 My Schlib. SCHLIB 库中。

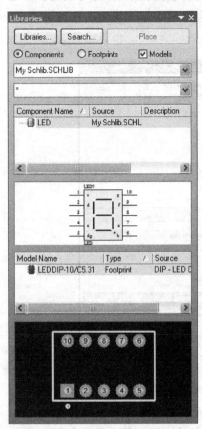

图 5.21 将自制的元件库加载到
Libraries 工作面板中

如果需要在原理图设计中使用此元件,只需将 My Schlib. SCHLIB 元件库文件加载到 Libraries 工作面板中,就可在元件库浏览框中看到元件库 My Schlib. SCHLIB,在元件浏览框中看到元件 LED,如图 5.21 所示。

也可以在元件编辑器中,单击 SCH 库管理面板上 Component 区域下面的 Place 按钮,则系统将直接切换到原理图编辑器中,可将绘制好的元件直接放置到原理图图纸上。

9. 元件的自动更新功能

对于已经放置到原理图中的元件,如果在元件编辑器中又对元件进行了修改,则需要将元件修改的结果更新到原理图中。元件修改完成后,只需执行菜单命令 Tools/Update Schematics,即可将修改的结果更新到原理图中。

如果完成了一个元件的制作,还要在 My Schlib. SCHLIB 库中制作下一个新的元件,只需在 SCH 库管理面板的 Component 栏下面单击 Add 按钮,或执行菜单命令 Tools/New Component,则可打开新建元件名称对话框,输入新的元件名称,单击 OK 按钮,即可打开一张新的图纸。

5.4 多子元件的制作

有些集成电路器件内包含了多个子电路模块,如集成电路中的门电路系列。对于这样的元件,每个子电路模块有一个单独的元件符号,各个子元件之间通过建立相互的联系而成为一个整体,并且各子电路模块最终属于一个独立的元件封装。本节以包含 6 个反相门的 74LS04 为例,介绍多子元件的制作过程。

1. 建立新元件

在 SCH 库管理面板的 Component 列表框下面,单击 Add 按钮,会弹出新建元件名称对话框,在该对话框中输入新建元件的名称 74LS04,单击 OK 按钮。

2. 绘制第一个子元件

1) 绘制元件轮廓

使用画直线命令绘制如图 5.22 所示的元件轮廓线,在直线属性对话框中设置线宽为

Small,三角形的三个顶点坐标为(0,0),(0,—40),(40,—20)。

2)放置引脚

使用放置引脚命令,按图5.22放置引脚。

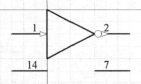

- 引脚 1 的属性　Display Name 设为 A,不显示；Designator 设为 1,显示；Electrical Type 设为 Input；其他为默认设置。

- 引脚 2 的属性　Display Name 设为 Y,不显示；Designator 设为 2,显示；Electrical Type 设为 Output；在 Outside Edge 选择框中选择 Dot,其他为默认设置。

- 引脚 7 的属性　Display Name 设为 GND,不显示；Designator 设为 7,显示；Electrical Type 设为 Power；Hide 复选框为选中状态,Connect To 右边输入 GND。

图 5.22　绘制第一个子电路元件(Part A)

- 引脚 14 的属性　Display Name 设为 VCC,不显示；Designator 设为 14,显示；Electrical Type 设为 Power；Hide 复选框为选中状态,Connect To 右边输入 VCC。

引脚 7 和 14 先在显示状态下放置好,然后再打开其属性对话框,将该引脚设置为不显示。对于不显示的引脚,可以在 SCH 库管理面板的引脚区域,双击该引脚即可打开该引脚的属性对话框。

3. 绘制其余子元件

(1) 执行菜单命令 Tools/New Part,或单击实用工具栏上的图标 🔽 ,则一个新的空白图纸被打开,同时创建了一个新的子元件。打开 SCH 库管理面板,可以看到 74LS04 元件拥有 Part A 和 Part B 两个子元件,如图 5.23 所示。

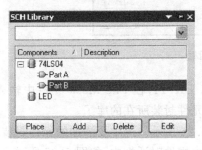

(2) 单击 SCH Library 面板中的 Part A 元件,使之处于编辑状态,执行菜单命令 Edit/Select/All,选中所有图件。

(3) 执行菜单命令 Edit/Copy,将所选的内容复制到剪贴板上。

(4) 在 SCH Library 面板中,单击 Part B 元件,使之处于编辑状态,执行菜单命令 Edit/Paste,将剪贴板上的内容粘贴到合适的位置。

图 5.23　新添加的子元件

(5) 重新设置 Part B 的引脚属性,如图 5.24(a)所示。只需修改引脚的标号即可。

重复以上步骤分别建立 Part C、Part D、Part E、Part F。其余的子电路元件如图 5.24所示。

4. 添加元件封装模型

(1) 单击 SCH 库管理面板 Model 栏下面的 Add 按钮,弹出前面如图 5.14 所示的添加新模型对话框,在该对话框中选择 Footprint,单击 OK 按钮。系统继续弹出前面如图 5.15所示的 PCB 模型设置对话框,单击该对话框的 Browse 按钮,弹出前面如图 5.16 所示的浏览库文件对话框,单击该对话框的 Find 按钮,弹出查找库文件对话框,如图 5.25 所示。

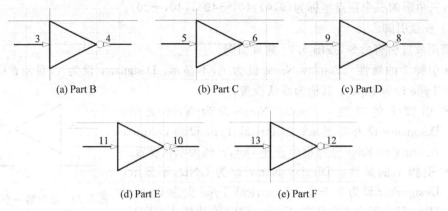

(a) Part B　　　　　(b) Part C　　　　　(c) Part D

(d) Part E　　　　　(e) Part F

图 5.24　其余的子电路元件

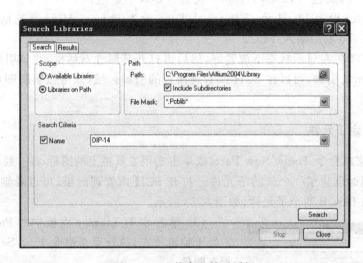

图 5.25　查找库文件对话框

（2）在查找库文件对话框中，在 Name 一栏中输入 DIP-14，在 File Mask 一栏中输入 *.Pcblib *，然后单击 Search 按钮，系统就会开始搜索元件封装所在的库了。

（3）搜索的结果会显示在 Results 标签页中，如图 5.26 所示。选中要添加的元件封装，单击标签页中的 Select 按钮，即可将该封装添加到浏览库文件对话框中，如图 5.27 所示。

（4）单击如图 5.27 所示的对话框中的 OK 按钮，回到 PCB 模型设置对话框，再次单击 OK 按钮，即完成了元件封装的添加。

5. 设置元件属性并保存

单击 SCH 库管理面板中 Components 列表框中的 Edit 按钮，弹出如图 5.19 所示的库元件属性设置对话框。在 Default Designator 一栏中输入元件的默认标号 U?；在 Comment 一栏中输入元件的名称 74LS04；在右下角的模型栏中选择元件封装模型为 DIP-14。

使用存盘命令将制作的元件保存。

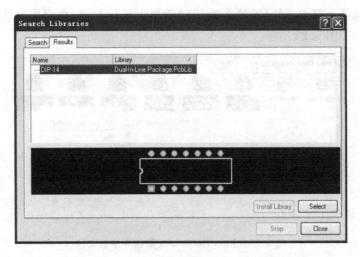

图 5.26　查找库文件对话框的 Results 标签页

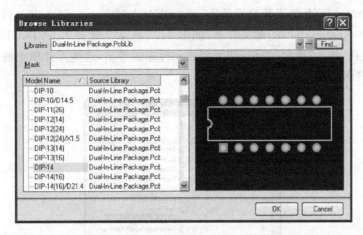

图 5.27　添加封装后的浏览库文件对话框

5.5　Protel 99SE 元件库的使用

　　在所有版本的 Protel 软件中,Protel 99SE 元件库中的元件最为丰富。但由于文件格式的不同,Protel DXP 不能直接使用,下面介绍如何在 Protel DXP 中使用 Protel 99SE 的元件库文件。

　　例如在使用 Protel DXP 进行电路设计时,需要使用 Intel 公司的单片机 87C51,而 Protel DXP 的元件库中没有这个元件,但是在 Protel 99SE 的 Intel Databooks 数据库中有。因此需要将这个数据库中的文件导出,具体操作步骤如下:

- 启动 Protel 99SE。
- 在 Protel 99SE 中执行打开文件命令 File/Open,在弹出的打开文件对话框中选择 Protel 99SE 安装目录下的 Intel Databooks 数据库文件,并打开。
- 打开文件后,在 Protel 99SE 的工作区中列出了 Intel Databooks 数据库中的全部库文件,选择全部库文件(扩展名为.lib)后单击鼠标右键,在弹出的快捷菜单中选择 Export,如图 5.28 所示。

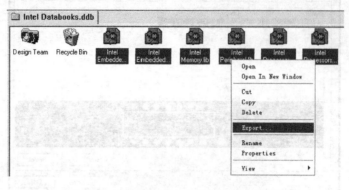

图 5.28　Intel Databooks 数据库中的文件

- 系统弹出浏览文件夹对话框,在此对话框中选择文件导出的位置。假设在此之前已经在 Protel DXP 的安装目录(\Program Files\Altium 2004\Library)下建立了名为 Intel Databooks(99SE)的文件夹,如图 5.29 所示。选择 Intel Databooks(99SE)的文件夹后,单击"确定"按钮,即可完成元件库的导出,这些元件库中的元件就可以在 Protel DXP 中使用了。

图 5.29　浏览文件夹对话框

5.6　小　　结

(1) 介绍了原理图元件库的创建方法,包括创建新的元件库文件,以及对已有原理图文件创建一个元件库文件的方法。

(2) 介绍了原理图元件编辑器,包括 SCH 库管理面板的使用,元件绘图工具栏和放置 IEEE 符号工具栏的图标命令,以及这些命令与菜单命令之间的对应关系。

(3) 通过具体实例介绍了原理图元件的制作方法,包括多子元件的制作方法。

(4) 介绍了如何在 Protel DXP 中使用 Protel 99SE 提供的丰富的元件库资源。

习 题 5

5.1 常见的原理图元件库的创建方法有哪两种？

5.2 如何在 Protel DXP 中使用 Protel 99SE 的元件库？

5.3 按下面的要求完成电路设计。

(1) 制作如图 5.30 所示集成电路芯片 CD4060，其引脚属性如表 5.4 所列；

(2) 按图 5.31 绘制电路原理图，原理图的元件明细如表 5.5 所列。

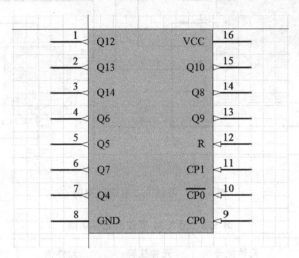

图 5.30 集成芯片 CD4060

表 5.4 CD4060 的引脚特性

元件名称 Display Name	引脚编号 Designator	电气特性类型 Electrical Type
Q12(显示)	1(显示)	Output
Q13(显示)	2(显示)	Output
Q14(显示)	3(显示)	Output
Q6(显示)	4(显示)	Output
Q5(显示)	5(显示)	Output
Q7(显示)	6(显示)	Output
Q4(显示)	7(显示)	Output
GND(显示)	8(显示)	Power
CP0(显示)	9(显示)	Input
C\P\0\(显示)	10(显示)	Input
CP1(显示)	11(显示)	Input
R(显示)	12(显示)	Input
Q9(显示)	13(显示)	Output
Q8(显示)	14(显示)	Output
Q10(显示)	15(显示)	Output
VCC(显示)	16(显示)	Power

（注：引脚 10 的引脚名称为$\overline{CP0}$，当需要在引脚名称的字母上带一横线时，可以使用"＊\"来实现，因此本题中引脚 10 的 Display Name 栏应输入 C\P\0\)

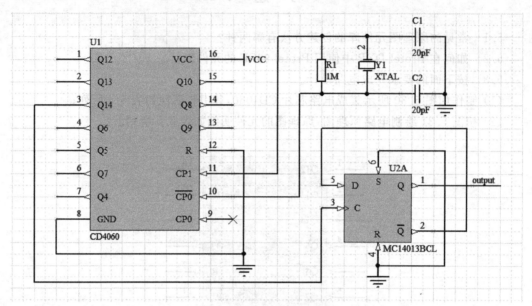

图 5.31 习题 5.3 电路原理图

表 5.5 图 5.31 原理图元件明细

序号	元件名称 Library Ref	元件标号 Designator	元件注释 Comment	元件值 Value	元件所在元件库
1	Cap	C1	不显示	20pF	
2	Cap	C2	不显示	20pF	Miscellaneous
3	Res2	R1	不显示	1MΩ	Devices. IntLib
4	XTAL	Y1	XTAL	—	
6	CD4060（自制）	U1	CD4060	—	自建库
7	MC14013BCL	U2	MC14013BCL	—	ON Semi Logic Flip-Flop. IntLib

第6章

电路原理图仿真

在完成了电路原理图的设计后，Protel DXP 的仿真工具还可以对设计电路进行仿真分析，来检验设计电路的功能能否实现。本章首先介绍仿真的基本概念和电路仿真的基本流程，然后介绍仿真元件、仿真信号源以及仿真器的设置，最后通过具体实例介绍 Protel DXP 电路仿真的基本方法。

6.1 仿真的基本概念

原理图仿真是 Protel DXP 软件的重要组成模块之一，本节主要介绍原理图仿真的概念以及原理图仿真的基本流程。

6.1.1 仿真的概念

仿真是指在计算机上通过软件模拟电路的实际工作过程，并计算出在给定条件下电路中各个节点的输出波形。它不需要实际的元件和仪器仪表设备，就可以完成电路性能的分析和校验。采用电路仿真可以提高电路设计的质量和可靠性，降低开发成本，减轻设计者的劳动强度，缩短产品开发周期。

利用 Protel DXP 完成电路原理图的设计之后，可以利用电气规则检查的方法检查电路中是否存在电气连接错误和缺陷，但不能对电路的性能进行判断和分析。Protel DXP 开发系统内置了强大的电路仿真软件，它与 PSPICE 电路仿真软件基本兼容，能够提供模拟电路、数字电路以及混合电路的仿真操作。通常，电路仿真软件运行于 Protel DXP 集成开发环境下，通过与原理图设计程序(Protel Advanced Schematic)的协同工作，为用户提供了一个完整的从原理图设计到仿真验证的设计环境。

Protel DXP 提供的仿真分析方式有：直流工作点分析、瞬态/傅里叶分析、直流扫描分析、交流小信号分析、噪声分析、极点-零点分析、传递函数分析、温度扫描分析、参数扫描分析和蒙特卡罗分析。这些仿真分析方式将在 6.5 节中详细介绍。

6.1.2 仿真的基本流程

在 Protel DXP 中进行电路仿真的基本流程如下。

1. 设计仿真电路原理图

仿真电路原理图的设计方法与普通电路原理图的设计方法基本相同。需要特别指出的是，仿真电路原理图中的元器件必须具有 Simulation 属性。Protel DXP 具有专门的仿真元件库，这些元件库存放在安装路径下的 Program Files\Altium\Library\Simulation 文件夹中。另外，基本元件库 Miscellaneous Devices. IntLib 中大部分元件都具有 Simulation 属性，可以直接用在仿真原理图中。

2. 设置仿真元件参数

为了能够正确地进行仿真分析，必须对仿真元器件的参数进行设置。在绘制普通电路原理图时，元器件的各种参数只起一个标识的作用，目的是为了方便阅读原理图，这些参数不会影响到 PCB 设计的正确性。但在仿真电路原理图中，元器件的参数会直接影响到仿真的结果，而且进行电路仿真的目的就是为了确定这些参数的大小。

3. 放置仿真信号源并设置其参数

在仿真电路中必须包含仿真信号源，常用的仿真信号源有：直流信号源、正弦信号源、脉冲信号源和阶跃信号源等。应根据仿真电路的测试要求进行仿真信号源的选择。Protel DXP 的仿真信号源在安装路径：Program Files\Altium 2004\Library\Simulation 文件夹中的 Simulation Sources. IntLab 库中。

放置好仿真信号源后，要根据实际电路的要求设置其属性参数。例如正弦信号源的幅值、频率和初始相位等。

4. 放置电路的仿真节点

在进行电路仿真之前，需要在检测输出波形的节点上放置网络标号。网络标号的放置方法与普通原理图设计中网络标号的放置方法相同。

5. 设置仿真分析类型和参数

完成了仿真电路原理图并设置好各项仿真参数后，还要根据具体的电路选择仿真分析类型，并且针对不同的仿真分析类型进行仿真参数的设置。只有正确地选择了仿真分析类型并设定好了各项参数，才能保证仿真过程的正常运行。

6. 运行原理图仿真分析,观察仿真结果

完成以上各项设置后,就可以运行电路仿真了。如果仿真电路原理图正确无误,则 Protel DXP 将给出所要观察的变量数据和仿真结果,仿真结果会自动存放在扩展名为 .sdf 的同名文件中。

6.2 仿真元件及参数设置

基本元件库 Miscellaneous Devices. IntLib 中的电阻、电容、电感和二极管等分立元件 以及部分集成芯片等都具有仿真属性,下面介绍这些元件仿真参数的设置方法。

6.2.1 电阻元件

Protel DXP 仿真元件库中的电阻类型有:固定电阻、半导体电阻和电位器等,如图 6.1 所示。这些电阻元件都具有 Simulation 属性,都可用于进行电路仿真,下面分别介绍这些 电阻元件仿真参数的设置。

(a) 固定电阻　　　　(b) 半导体电阻　　　　(c) 电位器

图 6.1　仿真电阻元件

1. 固定电阻

双击原理图中的固定电阻元件,打开元件属性设置对话框,如图 6.2 所示。该对话框中各栏目的设置方法前面章节已介绍过,这里不再一一介绍,下面只介绍仿真参数的设置。

在图 6.2 所示的对话框中的 Models for R? -Res1 一栏中双击 Simulation,会弹出图 6.3 所示的固定电阻仿真参数设置对话框,在此对话框中选择 Parameters 标签页,如图 6.4 所示。

在图 6.4 中,只有一个参数设置框:Value(电阻的阻值)。设置好电阻值后,单击 OK 按钮,返回到图 6.2 所示的对话框,再次单击 OK 按钮,即可完成固定电阻元件仿真参数的设置。

注意:如果参数设置栏中没有具体的物理单位,则系统将默认为国际标准单位,如米 (m)、欧(Ω)、安(A)、伏(V)、法(F)、亨(H)及赫(Hz)等。

2. 半导体电阻

如图 6.5 所示为半导体电阻仿真参数设置对话框。由于半导体电阻的阻值受其长度、宽度以及环境温度等方面的影响,因此它的主要设置内容包括以下几项:

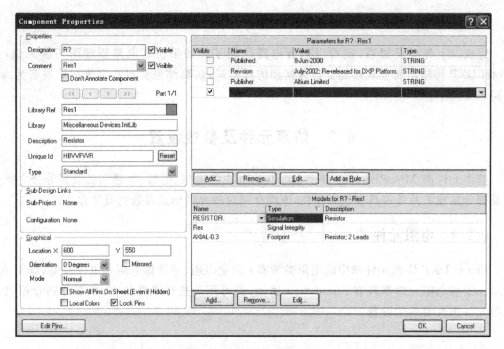

图 6.2　元件属性设置对话框

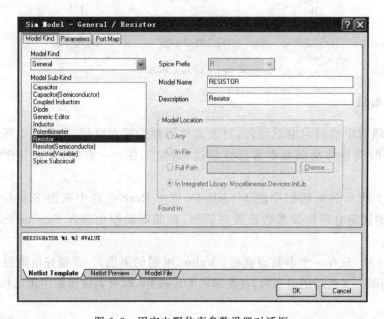

图 6.3　固定电阻仿真参数设置对话框

- Value　电阻的阻值,如果此项设定了具体的数值,则不再使用几何函数模型确定的电阻值。
- Length　电阻的长度。
- Width　电阻的宽度。
- Temperature　电阻的工作温度,默认值为 27℃。

图 6.4 Parameters 标签页

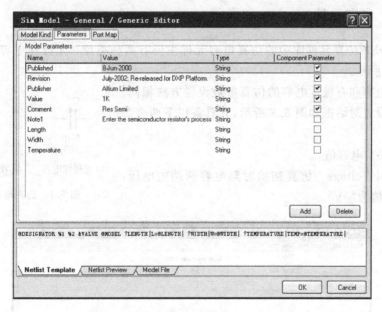

图 6.5 半导体电阻仿真参数设置对话框

3. 电位器

电位器的仿真参数设置对话框如图 6.6 所示,它具有以下两个设置项:

- Value 电位器的固定阻值。
- Set Position 可调电阻系数。

电位器的实际阻值应为 Value 项的数值与 Set Position 项的数值的乘积。

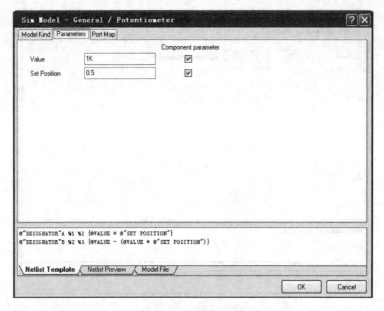

图 6.6　电位器仿真参数设置对话框

6.2.2　电容元件

Protel DXP 仿真元件库中的仿真电容元件主要有两种类型：无极性电容和有极性电容，如图 6.7 所示。

无极性电容和有极性电容的仿真参数设置方法相同，其仿真参数设置对话框如图 6.8 所示，它具备以下两个参数设置项：

- Value　电容值。
- Initial Voltage　仿真初始时刻电容两端的电压，默认值为“0V”。

(a) 无极性电容　　(b) 有极性电容

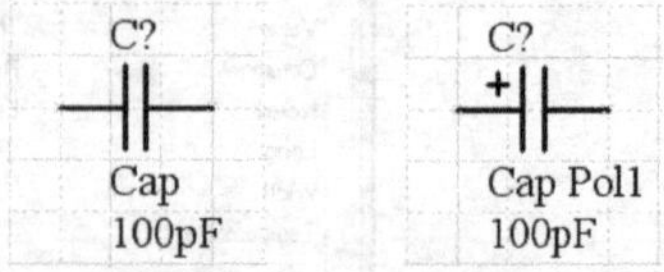

图 6.7　仿真电容元件

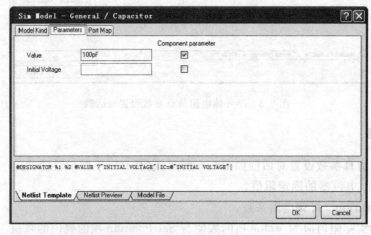

图 6.8　电容元件仿真参数设置对话框

6.2.3 电感元件

Protel DXP 仿真元件库中的仿真电感元件主要有两种类型：无铁心电感和加铁心电感，如图 6.9 所示。

无铁心电感和加铁心电感的仿真参数设置方法相同，其仿真参数设置对话框如图 6.10 所示，它具备以下两个参数设置项：

• Value　电感值。

• Initial Current　仿真初始时刻流过电感的电流，默认值为"0A"。

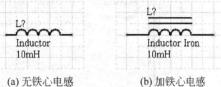

(a) 无铁心电感　　　　(b) 加铁心电感

图 6.9　仿真电感元件

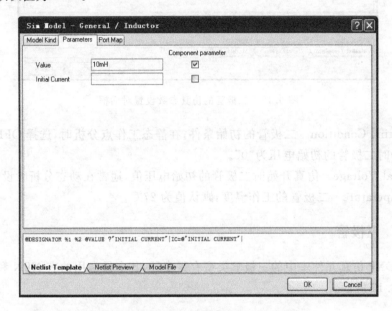

图 6.10　电感元件的仿真参数设置对话框

6.2.4　二极管

Protel DXP 仿真元件库中的二极管类型有普通二极管、发光二极管、稳压二极管、变容二极管和肖特基二极管等，如图 6.11 所示。这些二极管的仿真参数设置对话框相同，如图 6.12 所示，其中各项参数设置项的含义如下：

• Area Factor　二极管元件的面积因子。

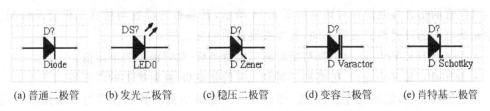

(a) 普通二极管　(b) 发光二极管　(c) 稳压二极管　(d) 变容二极管　(e) 肖特基二极管

图 6.11　仿真二极管元件

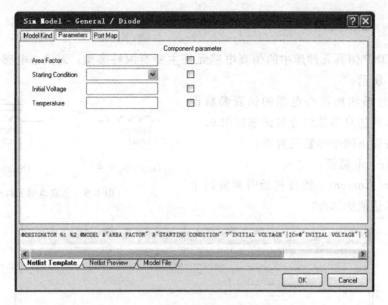

图 6.12　二极管的仿真参数设置对话框

- Starting Condition　二极管的初始条件,在静态工作点分析时,选择 OFF,表示仿真 开始时二极管的初始电压为"0"。
- Initial Voltage　仿真开始时二极管的初始电压值,通常在动态分析时设置此参数。
- Temperature　二极管的工作温度,默认值为 27℃。

6.2.5　三极管

Protel DXP 仿真元件库中的三极管类型有很多种,其中最常用的有 NPN 和 PNP 两种 类型,如图 6.13 所示。

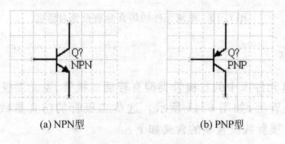

(a) NPN型　　　　　　　　(b) PNP型

图 6.13　仿真三极管元件

三极管的仿真参数设置对话框如图 6.14 所示,其参数的设置与仿真二极管元件类似, 其中初始电压的设置与二极管不同,其参数设置项的含义如下:
- Initial B-E Voltage　仿真初始时刻三极管基极-发射极上的电压值。
- Initial C-E Voltage　仿真初始时刻三极管集电极-发射极上的电压值。

其他仿真元件,如场效应管、晶振、熔体及变压器等仿真参数的设置可以参照以上元件 的设置方法来完成。

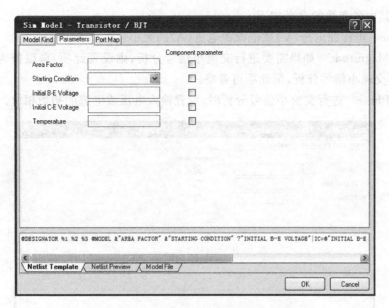

图 6.14 三极管的仿真参数设置对话框

6.3 仿真信号源及参数设置

在进行电路原理图仿真时,需要对绘制好的仿真电路原理图放置仿真信号源。仿真信号源的作用相当于实验室的信号发生器,通过观察其发出信号经仿真电路后的输出,可以判断仿真电路参数的设置是否合理。Protel DXP 的仿真信号源都存放在 Simulation Sources. IntLib 元件库中。下面介绍常用的仿真信号源及其参数设置。

6.3.1 直流信号源

直流信号源有直流电压源(VSRC)和直流电流源(ISRC)两种类型,如图 6.15 所示。直流电压源为电路提供稳定不变的直流电压信号,直流电流源为电路提供稳定不变的直流电流信号。

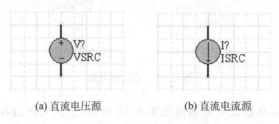

(a) 直流电压源   (b) 直流电流源

图 6.15 直流信号源

在 Protel DXP 的 Simulation Sources. IntLib 元件库中,选择相应的直流信号源元件名称,将其放到图纸上,双击该仿真信号源符号,系统会弹出直流信号源属性设置对话框,在该对话框中双击右下角的 Simulation 属性,则会弹出直流信号源的仿真参数设置对话框,选择其中的 Parameters 标签页,如图 6.16 所示。对于直流电压源和直流电流源,其参数设置内容相同。其中各参数的含义如下：

- Value 电压源电压(V)或电流源电流(A)的大小。
- AC Magnitude 如果需要进行交流小信号分析，则设置此项，典型值为 1。如果不进行交流小信号分析，则此项可省略。
- AC Phase 进行交流小信号分析时，设置输入电压或电流的初始相位。

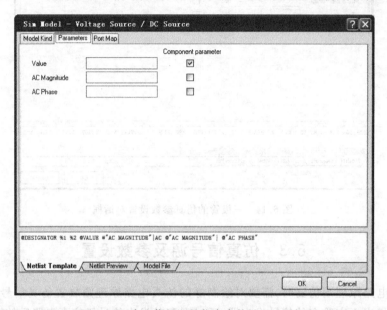

图 6.16 直流信号源的仿真参数设置对话框

6.3.2 正弦信号源

正弦信号源有正弦电压源(VSIN)和正弦电流源(ISIN)两种类型，如图 6.17 所示。正弦信号源为电路提供一个具有固定频率的正弦电压或电流。通常，正弦信号源作为电路瞬态分析和交流小信号分析的激励源。

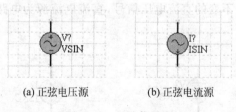

(a) 正弦电压源   (b) 正弦电流源

图 6.17 正弦信号源

正弦信号源的仿真参数设置对话框如图 6.18 所示，正弦电压源和正弦电流源的参数设置内容相同，各参数的含义如下：

- DC Magnitude 设置正弦仿真信号源的直流参数，默认值为 0，一般不需要修改。
- AC Magnitude 如果要进行交流小信号分析，则设置此项，典型值为 1。如果不需要进行交流小信号分析，则可忽略此项。
- AC Phase 设置交流小信号分析的初始电压相位。

- Offset　设置正弦仿真信号源上叠加的直流电压或直流电流分量的大小。
- Amplitude　设置正弦仿真信号源的幅值。
- Frequency　设置正弦仿真信号源的频率,默认值为1kHz。
- Delay　设置正弦仿真信号源的延迟时间。
- Damping Factor　设置正弦仿真信号源的衰减系数,正值表示衰减,负值表示增大。默认值为0,表示输出为等幅正弦波。
- Phase　设置正弦仿真信号源的初始相位。

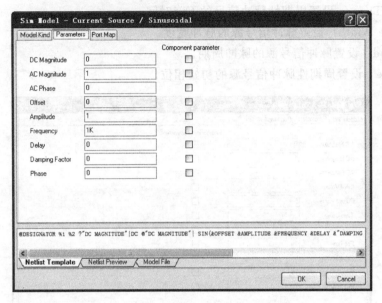

图 6.18　正弦信号源的仿真参数设置对话框

6.3.3　周期性脉冲信号源

周期性脉冲信号源有脉冲电压源(VPULSE)和脉冲电流源(IPULSE)两种类型,如图 6.19 所示。周期性脉冲信号源为电路提供一个周期性的连续脉冲电压或电流。通常,脉冲信号源作为电路瞬态分析和交流小信号分析的激励源。

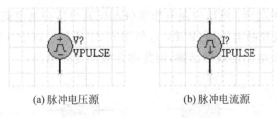

(a)脉冲电压源　　　　　(b)脉冲电流源

图 6.19　周期性脉冲信号源

脉冲信号源的仿真参数设置对话框如图 6.20 所示,脉冲电压源和脉冲电流源的参数设置内容相同,各参数的含义如下:

- DC Magnitude　设置周期性脉冲仿真信号源的直流分量,此处忽略。

- AC Magnitude　如果要进行交流小信号分析,则设置为1。如果不需要进行交流小信号分析,则忽略此项。
- AC Phase　设置交流小信号分析的初始电压或电流相位。
- Initial Value　设置周期性脉冲信号源的初始电压或电流值。
- Pulsed Value　设置脉冲仿真信号源的信号幅度。
- Time Delay　设置脉冲仿真信号源的延迟时间。
- Rise Time　设置周期性脉冲信号的上升时间
- Fall Time　设置周期性脉冲信号的下降时间。
- Pulse Width　设置脉冲信号源的脉冲宽度。
- Period　设置脉冲信号源的脉冲周期。
- Phase　设置周期性脉冲信号源的初始相位。

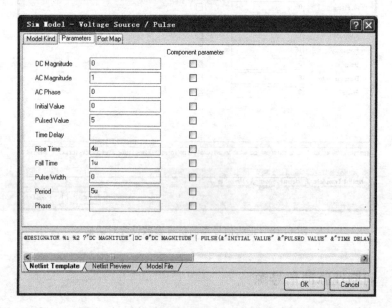

图 6.20　脉冲信号源的仿真参数设置对话框

6.3.4　线性受控源

线性受控源有 4 种类型:电压控制电压源(ESRC)、电压控制电流源(GSRC)、电流控制电压源(HSRC)和电流控制电流源(FSRC),如图 6.21 所示。以上 4 种受控源的输出电压或电流是输入端电压或电流的线性函数,因此称为线性受控源。

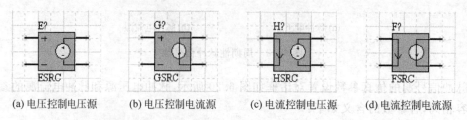

(a) 电压控制电压源　　(b) 电压控制电流源　　(c) 电流控制电压源　　(d) 电流控制电流源

图 6.21　线性受控源

线性受控源的仿真参数设置对话框如图 6.22 所示,它只有一个设置项 Gain。对于不同类型的线性受控源,其表示的含义不同,分别为

- ESRC E 为电压控制电压源的电压增益,因此参数 Gain 用来设置电压增益。
- GSRC G 为电压控制电流源的转移电导,单位是西门子(S),因此参数 Gain 用来设置转移电导。
- HSRC H 为电流控制电压源的转移电阻,单位是欧姆(Ω),因此参数 Gain 用来设置转移电阻。
- FSRC F 为电流控制电流源的电流增益,因此参数 Gain 用来设置电流增益。

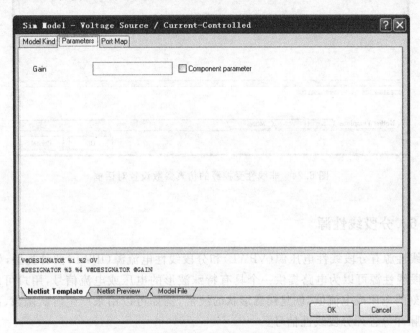

图 6.22 线性受控源的仿真参数设置对话框

6.3.5 非线性受控源

非线性受控源有非线性受控电压源(BVSRC)和非线性受控电流源(BISRC)两种类型,如图 6.23 所示。

(a) 非线性受控电压源　　　(b) 非线性受控电流源

图 6.23 非线性受控源

非线性受控源的输出由用户自定义的方程式确定。其仿真参数设置对话框如图 6.24 所示,它只有一个参数设置项 Equation,用来设置非线性受控源输出波形的表达式。

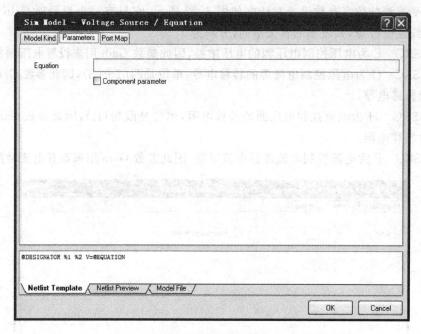

图 6.24 非线性受控源的仿真参数设置对话框

6.3.6 分段线性源

分段线性源有分段线性电压源(VPWL)和分段线性电流源(IPWL)两种类型,如图 6.25 所示。分段线性源可以为电路提供一个具有特殊波形的电压或电流信号,用户可以通过设置不同时刻的电压或电流值,创建任意形状的波形,例如可以用来产生阶跃函数、冲激响应以及单位脉冲等各种分段线性信号。

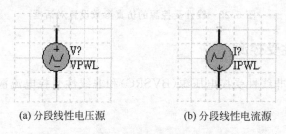

(a) 分段线性电压源　　　　　　　　　(b) 分段线性电流源

图 6.25 分段线性源

分段线性源的仿真参数设置对话框如图 6.26 所示,其中各项参数的含义如下:

- DC Magnitude　设置分段线性源的直流分量,一般忽略此项设置。
- AC Magnitude　如果需要进行交流小信号分析,则将此项设置为1。
- AC Phase　设置交流小信号分析的初始电压或电流相位。
- Time/Value Pairs　设置分段线性源中信号转折点的时间、信号幅度对。每一组数据的第一项是时间,后一项为对应该时刻下的电压或电流幅度值。单击右侧的 Add 和 Delete 按钮可以对时间、信号幅度进行"添加"和"删除"操作。

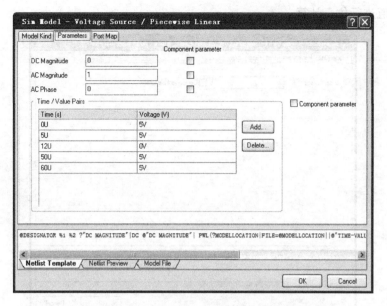

图 6.26 分段线性源的仿真参数设置对话框

6.4 设置仿真初始状态

在原理图仿真过程中,当对非线性电路、振荡电路和触发器电路进行直流或瞬态分析时,常会出现解不收敛的现象,表现为无仿真结果。为了解决电路的收敛问题,通常需要设置仿真初始状态。Protel DXP 为用户提供了初始状态设置元件,它们也存在于仿真元件库 Simulation Sources. IntLib 中,分别为节点电压设置元件(. NS)和初始条件设置元件(. IC)如图 6.27 所示。初始状态设置元件的放置方法、属性参数设置的操作与仿真信号源完全相同。

(a) 节点电压设置元件 　　 (b) 初始条件设置元件

图 6.27 初始状态设置元件

6.4.1 节点电压设置元件

节点电压设置元件的作用是为仿真电路原理图中指定的节点设置初始电压,仿真器根据这些节点电压求得直流或瞬态的初始解。节点电压设置对于不稳定电路或双稳态电路的瞬态分析是必须的,它可以使电路摆脱停顿状态而进入所希望的状态。

与仿真信号源的仿真参数设置方法相同,用户可以打开节点电压设置元件的仿真参数设置对话框,如图 6.28 所示。在该对话框中只有一个参数设置项 Initial Voltage,用来设置节点电压的初始值。

在不稳定电路或双稳态电路的瞬态分析过程中,通常仿真器先假定指定节点的电压收敛于节点电压设置元件的初始幅值,然后进行相应的仿真计算。如果计算出的结果收敛,则去掉相应的初始电压设置并重新计算,直到算出一个真正收敛的结果。否则会继续按照初始电压设置值进行仿真计算。

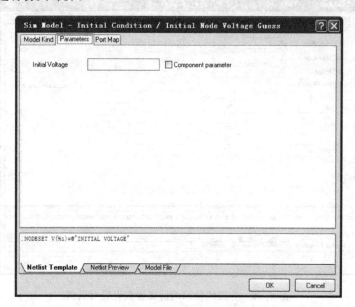

图 6.28   节点电压设置元件的仿真参数设置对话框

6.4.2   初始条件设置元件

初始条件设置元件的作用是为仿真电路原理图的瞬态分析设置初始条件,仿真器会根据这个设置的初始条件进行具体的仿真分析,从而得到相应的仿真结果。

初始条件设置元件的仿真参数设置对话框与节点电压设置元件的仿真参数设置对话框相同,如图 6.28 所示。该对话框的参数设置项 Initial Voltage,用来设置瞬态分析时的初始条件,即节点电压的初始幅值。它与如图 6.30 所示的瞬态/傅里叶分析参数设置对话框中的 Use Initial Conditions 复选框配合使用。如果 Use Initial Conditions 复选框没有被选中,则在瞬态分析时会先进行直流工作点分析,将计算出的结果作为瞬态分析的初始值。而由初始条件设置元件指定的节点电压仅作为求解时相应节点的电压初始值使用,然后,在瞬态分析时将取消这些节点的电压限制。如果选中 Use Initial Conditions 复选框,则在瞬态分析时,初始条件设置元件所设置的节点电压幅值将作为瞬态分析时该节点的初始电压值。

综上所述,仿真元件初始状态的设置方法有 3 种:元件属性设置、NS 设置和 IC 设置。在电路仿真中,当这些设置同时存在时,则元件属性设置的优先级最高,IC 设置的优先级次之,NS 设置的优先级最低。

6.5   仿真分析类型及参数设置

在对原理图进行仿真分析之前,要进行仿真分析类型的选择,并针对选择的仿真分析类型进行相关参数的设置。执行菜单命令 Design/Simulate/Mixed Sim,或单击仿真工具栏中的图标 ,可以打开仿真分析设置对话框,如图 6.29 所示。

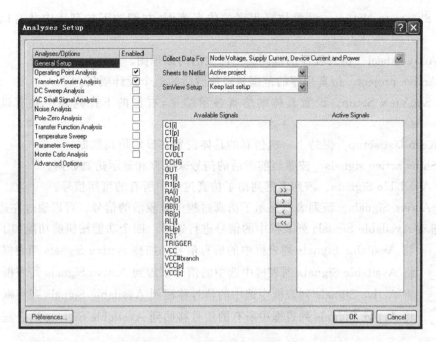

图 6.29 仿真分析设置对话框

在仿真分析设置对话框左边的 Analyses/Options 栏中共列出了以下几种仿真分析类型：直流工作点分析（Operating Point Analysis）、瞬态/傅里叶分析（Transient/Fourier Analysis）、直流扫描分析（DC Sweep Analysis）、交流小信号分析（AC Small Signal Analysis）、噪声分析（Noise Analysis）、极点-零点（Pole-Zero Analysis）分析、传递函数分析（Transfer Function Analysis）、温度扫描（Temperature Sweep）分析、参数扫描分析（Parameter Sweep）和蒙特卡罗分析（Monte Carlo Analysis）。本节主要针对不同仿真分析类型介绍仿真器的设置方法。

6.5.1 常规设置

单击仿真分析设置对话框左边的 Analyses/Options 栏中的 General Setup 选项，进行常规参数设置，如图 6.29 所示。常规参数设置的主要内容如下：

（1）Collect Data For。设置需要保存的仿真节点数据，该选项右边的下拉列表中共有以下 5 个选项：

- Node Voltage and Supply Current　保存节点电压和仿真电源的电流。
- Node Voltage，Supply and Device Current　保存节点电压、仿真电源和元件的电流。
- Node Voltage，Supply Current，Device Current and Power　保存节点电压、仿真电源电流、仿真元件的电流和消耗的功率。
- Node Voltage，Supply Current and Subcircuit VARs　保存节点电压、仿真电源电流和支路上各电压和电流。
- Active Signals　保存所有 Active Signals 列表中的仿真数据。

（2）Sheets to Netlist。设置仿真程序的仿真范围，右侧的下拉列表中共有以下两个选项：

- Active sheet　仿真程序的范围是当前激活的原理图。
- Active project　仿真程序的范围是当前激活的整个设计项目。

（3）SimView Setup。设置具体的仿真显示结果，右侧的下拉列表中共有以下两个选项：

- Keep last setup　保持上一次仿真的具体设置并显示仿真数据。
- Show active signals　按照当前激活的信号来保存和显示仿真数据。

（4）Available Signals。该列表框列出了仿真过程中所有的可用信号。

（5）Active Signals。该列表框显示了仿真过程中被激活的信号。可以通过左边的四个功能按钮对 Available Signals 列表框中的信号进行选择。四个功能按钮的功能如下：

- `>>`　将 Available Signals 列表框中的所有信号添加到 Active Signals 列表框中。
- `>`　将 Available Signals 列表框中选中的信号添加到 Active Signals 列表框中
- `<`　将 Active Signals 列表框中选中的信号移回到 Available Signals 列表框中。
- `<<`　将 Active Signals 列表框中所有的信号移回到 Available Signals 列表框中。

6.5.2　直流工作点分析

直流工作点分析是针对模拟放大电路提出来的，在电感短路、电容开路的情况下，用于计算放大电路的静态工作点。通常，在进行瞬态分析和交流小信号分析之前，系统会自动进行直流工作点分析，但不显示仿真分析数据，目的是确定电路中各节点的初始状态。

6.5.3　瞬态/傅里叶分析

瞬态分析是最基本最常用的仿真分析方式，属于时域分析。通过瞬态分析可以得到电路中各节点电压、支路电流和功率等参数随时间变化的曲线，其功能类似于示波器。进行瞬态分析前需要设置电路的初始状态，如果预先没有设置初始状态，则系统会自动运行直流工作点分析来获得电路的初始条件。

傅里叶分析是瞬态分析的一部分，属于频域分析，主要用于获得非正弦信号的频谱。通过对瞬态分析过程中获得的最后一个周期的数据进行傅里叶分析，可以得到其直流分量、基波以及各次谐波分量。

在仿真分析设置对话框中选择 Transient/Fourier Analysis，系统会显示瞬态/傅里叶分析设置对话框，如图 6.30 所示。其中各项参数的设置如下：

- Transient Start Time　设置瞬态分析的起始时间。
- Transient Stop Time　设置瞬态分析的终止时间。系统只对起始时间和终止时间之间的分析结果进行保存并显示。
- Transient Step Time　设置瞬态分析的时间步长。
- Transient Max Step Time　设置瞬态分析的最大时间步长，其值通常与 Transient Step Time 的设置值相同。
- Use Initial Conditions　选中此项，则瞬态分析时采用预先设置的初始条件，而不进行直流工作点分析。不选此项,则系统会自动运行直流工作点分析,并将分析结果作为瞬态分析的初始条件。

- Use Transient Defaults 选中此项时,系统会自动计算电路瞬态分析的相应参数,此时瞬态分析的起始时间、终止时间、时间步长和最大时间步长均采用默认值,内容不能更改。
- Default Cycles Displayed 设置瞬态分析时显示波形的周期数,默认值为 5。
- Default Points Per Cycles 设置瞬态分析时每周期的取样点数,默认值为 50。
- Enable Fourier 设置瞬态分析时是否同时进行傅里叶分析。
- Fourier Fundamental Frequency 设置傅里叶分析的基频。
- Fourier Number of Harmonics 设置傅里叶分析的谐波数。

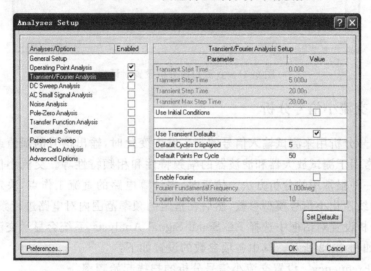

图 6.30 瞬态/傅里叶分析设置对话框

6.5.4 直流扫描分析

直流扫描分析是指在指定的范围内对电源电压或电流进行扫描,当电源电压或电流变化时,对各节点电压或支路电流进行测试,从而得到输出特性曲线。通常,通过直流扫描分析可以得到运算放大器、TTL 和 CMOS 等电路的直流传输特性曲线,也可以得到场效应管的转移特性曲线。

在仿真分析设置对话框中选择 DC Sweep Analysis,系统会显示直流扫描分析设置对话框,如图 6.31 所示。其中各项参数的设置如下:

- Primary Source 选择独立主电源,右边的 Value 下拉列表中列出了仿真电路中的所有电源。
- Primary Start 设置主电源的扫描起始值。
- Primary Stop 设置主电源的扫描终止值。
- Primary Step 设置主电源的扫描步长。
- Enable Secondary 选中该项,可以设置扫描分析的第二个电源,其设置内容与 Primary Source 相同。

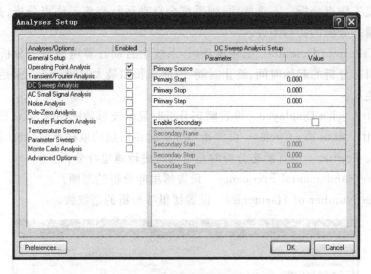

图 6.31　直流扫描分析设置对话框

6.5.5　交流小信号分析

交流小信号分析用来测试输入信号的频率发生变化时,输出信号的幅值或相位随频率变化的关系,常用于测试放大器和滤波器的幅频特性和相频特性等。交流小信号分析属于频域分析,是一种很常用的分析方法。仿真时,先计算电路的直流工作点,决定电路中所有非线性元件的线性化小信号模型参数,然后在指定的频率范围内对电路进行频率扫描分析。

在仿真分析设置对话框中选择 AC Small Signal Analysis,系统会显示交流小信号分析设置对话框,如图 6.32 所示。其中各项参数的设置如下:

* Start Frequency　设置交流小信号分析的扫描起始频率。
* Stop Frequency　设置交流小信号分析的扫描终止频率。

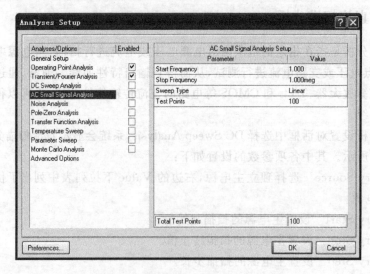

图 6.32　交流小信号分析设置对话框

- Sweep Type　设置交流小信号分析的扫描方式,右边的 Value 下拉列表中列出了 3 种扫描方式:Linear(线性扫描方式)、Decade(对数扫描方式)和 Octave(8 倍频扫描方式)。
- Test Points　设置交流小信号分析测试点的数目。测试点数目越多,精度越高,但仿真过程越慢。

6.5.6　噪声分析

噪声分析是与交流小信号分析一起进行的,电路中能够产生噪声的元件有电阻元件和半导体器件。对每个元件的噪声源,在交流小信号分析的每个频率上计算出相应的噪声,并传送到输出节点。将所有传送到该节点的噪声进行均方根相加,得到该输出节点的等效噪声。如果可以计算出输入端到输出端的电压或电流增益,则通过输出噪声和增益就可得到等效输入噪声。

在仿真分析设置对话框中选择 Noise Analysis,系统会显示噪声分析设置对话框,如图 6.33 所示。其中各项参数的设置如下:

- Noise Source　设置噪声分析时的噪声信号源,右边的 Value 下拉列表中列出了仿真原理图中的所有噪声信号源。
- Start Frequency　设置噪声分析的起始频率。
- Stop Frequency　设置噪声分析的终止频率。
- Sweep Type　设置噪声分析的具体扫描类型,右边的 Value 下拉列表中列出了 3 种扫描类型:Linear(线性扫描方式)、Decade(对数扫描方式)和 Octave(8 倍频扫描方式)。
- Test Points　设置噪声分析时测试点的数目。
- Points Per Summary　设置在定义的频率范围内进行噪声分析时的扫描点数。
- Output Node　设置噪声输出节点。

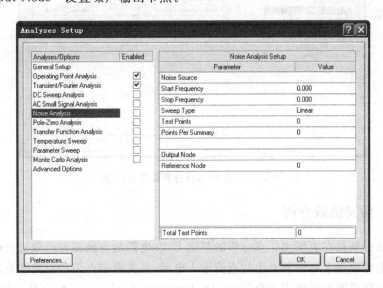

图 6.33　噪声分析设置对话框

- Reference Node　设置噪声参考节点,默认值为 0,表示以接地点为参考节点。
- Total Test Points　设置在显示频率扫描范围内测试点的总数。

6.5.7　极点-零点分析

极点-零点分析是通过计算电路中的交流小信号传递函数的极点和零点,来确定单输入、单输出系统的稳定性,计算电路的直流工作点并使之线性化,来确定电路中所有非线性器件的小信号模型。传递函数可以是电压增益(输出电压与输入电压之比)或阻抗(输出电压与输入电流之比)。

在仿真分析设置对话框中选择 Pole-Zero Analysis,系统会显示极点-零点分析设置对话框,如图 6.34 所示。其中各项参数的设置如下:

- Input Node　设置输入节点。
- Input Reference Node　设置输入参考节点,默认值为 0(GND)。
- Output Node　设置输出节点。
- Output Reference Node　设置输出参考节点,默认值为 0(GND)。
- Transfer Function Type　设置交流小信号传递函数的类型,共有两种选择:V(output)/V(input)——电压增益传递函数和 V(output)/I(input)——阻抗传递函数。
- Analysis Type　设置分析类型,共有 3 种选择:Poles Only(只分析极点)、Zeros Only(只分析零点)以及 Poles And Zeros(极点-零点分析)。

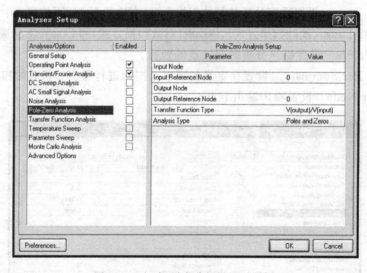

图 6.34　极点-零点分析设置对话框

6.5.8　传递函数分析

传递函数分析是在直流工作点分析的基础上,在电路的直流偏置点附近将电路线性化,从而计算出电路中每个电压节点上的直流输入电阻、直流输出电阻和直流增益。

在仿真分析设置对话框中选择 Transfer Function Analysis,系统会显示传递函数分析设置对话框,如图 6.35 所示。其中各项参数的设置如下:

- Source Name 设置输入参考信号源。
- Reference Node 设置输入参考信号源的参考节点,默认值为 0(GND)。

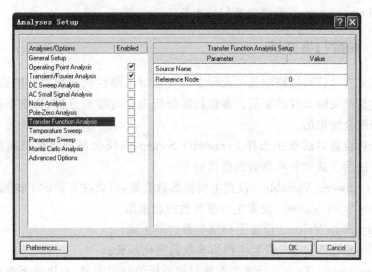

图 6.35 传递函数分析设置对话框

6.5.9 温度扫描分析

在电路设计过程中,仿真电路的元器件参数都是假定的常温值,但实际的元器件参数常会随温度的变化而变化,因此温度变化会影响电路的性能指标。温度扫描分析是针对不同的工作温度对电路的性能指标进行分析,得到一系列的曲线。在进行瞬态分析、交流小信号分析和直流扫描分析时,启动温度扫描分析可以得到电路中有关性能指标随温度变化的情况。需要注意的是,温度扫描分析必须与其他分析配合进行,不能单独使用。

在仿真分析设置对话框中选择 Temperature Sweep,系统会显示温度扫描分析设置对话框,如图 6.36 所示。其中各项参数的设置如下:

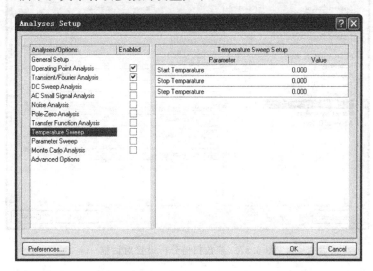

图 6.36 温度扫描分析设置对话框

- Start Temperature 设置扫描的起始温度。
- Stop Temperature 设置扫描的终止温度。
- Step Temperature 设置温度扫描步长。

6.5.10 参数扫描分析

参数扫描分析是针对电路中某一元件参数变化对电路性能指标的影响进行分析,常用于确定电路中某些关键元件的取值。参数扫描分析也是与瞬态分析、交流小信号分析和直流扫描分析等配合使用的。

在仿真分析设置对话框中选择 Parameter Sweep,系统会显示参数扫描分析设置对话框,如图 6.37 所示。其中各项参数的设置如下:

- Primary Sweep Variable 设置主扫描参数变量,可以在右边的下拉列表中选择。
- Primary Start Value 设置主扫描参数的起始值。
- Primary Stop Value 设置主扫描参数的终止值。
- Primary Step Value 设置主扫描参数的变化步长。
- Primary Sweep Type 设置主参数扫描分析的扫描类型,右边的下拉列表中提供了两种扫描类型:Absolute Values(绝对值增量)和 Relative Values(相对值增量)。例如,设置主扫描参数变量为 10kΩ 的电阻,扫描起始值＝5kΩ,扫描终止值＝15kΩ,扫描步长＝5kΩ。如果扫描类型设置为 Absolute Values,则用于仿真过程的电阻值为:5kΩ,10kΩ,15kΩ;如果扫描类型设置为 Relative Values,则用于仿真过程的电阻值为:15kΩ,20kΩ,25kΩ。
- Enable Secondary 是否使用第二扫描参数,如果选中了该项,可以设置扫描分析的第二个参数,其设置内容与主扫描参数的设置相同。设置了第二个扫描参数后,主扫描参数将针对第二个扫描参数的每一个值进行扫描。

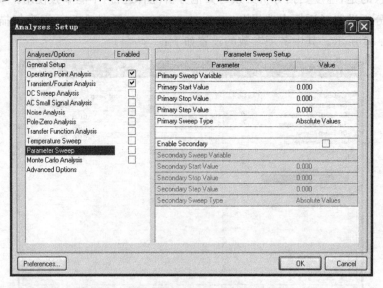

图 6.37 参数扫描分析设置对话框

6.5.11　蒙特卡罗分析

蒙特卡罗(Monte Carlo)分析是一种数理统计的分析方法,它对元件在特定的公差范围内由于随机变化而造成的离散性进行仿真分析。使用随机数发生器根据元件值的概率分布来选择元件的参数,然后将这些元件参数所构成的电路进行直流、交流小信号、瞬态、传递函数以及噪声等分析方法进行仿真分析,可以对电路性能的统计分布规律、电路合格率以及生产成本进行预测。该方法适合复杂电路的分析。

在仿真分析设置对话框中选择 Monte Carlo Analysis,系统会显示蒙特卡罗分析设置对话框,如图 6.38 所示。其中各项参数的设置如下:

- Seed　设置随机数发生器产生的种子数,默认值为-1。
- Distribution　设置随机数产生时的分布形式。共有 3 种选择:Uniform(均匀分布)、Gaussian(高斯分布)和 Worst Case(最差情况分布),系统默认值为均匀分布。
- Number of Runs　设置蒙特卡罗分析时要运行仿真的次数,系统默认值是 5。

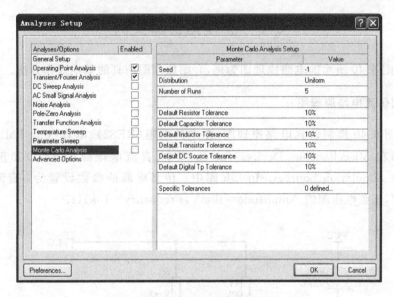

图 6.38　蒙特卡罗分析设置对话框

如果定义了运行仿真的次数为 10,表示系统将在公差范围内运行仿真 10 次,但每次仿真都是使用不同的元件值来运行的。如果用户需要使用一系列的随机数来仿真,可以设置随机数产生的种子(Seed)选项:

- Default Resistor Tolerance　设置电阻元件的默认公差。
- Default Capacitor Tolerance　设置电容元件的默认公差。
- Default Inductor Tolerance　设置电感元件的默认公差。
- Default Transistor Tolerance　设置晶体管元件的默认公差。
- Default DC Source Tolerance　设置直流激励源的默认公差。
- Default Digital Tp Tolerance　设置数字元件传输时间的默认公差。
- Specific Tolerances　设置其他特定元件的默认公差,用于定义一个新元件的特定公差,单击后面的按钮 ⋯ ,可以打开特定公差设置对话框,如图6.39所示。在此对话框中,可以通过单击下面的 Add 按钮,添加其他元件的默认公差。

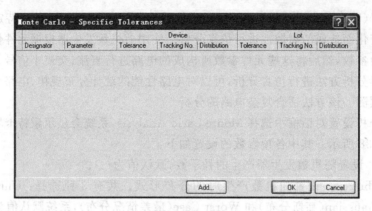

图6.39 特定公差设置对话框

6.6 原理图仿真实例

下面以图6.40所示的电路原理图为例,介绍原理图仿真的基本操作方法。

1.绘制仿真电路原理图

(1)按图6.40绘制仿真电路原理图,图中的电阻(RES2)、电容(Cap Pol1)和三极管(2N3904)都在 Miscellaneous Device. IntLib 库中,直流电压源(VSRC)和正弦电压源(VSIN)都在 Simulation Sources. IntLib 库中。仿真电源的参数设置为:直流电压源的 Value=15V,正弦电压源的 Amplitude=10mV,Frequency=10kHz。

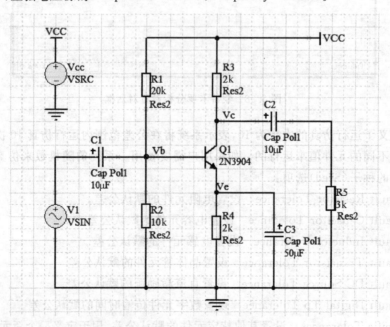

图6.40 原理图仿真实例

（2）放置网络标号，在三极管的3个电极上分别放置网络标号 Vb，Vc，Ve，在仿真分析中需要测试这几个点的仿真数据。完成原理图的绘制后保存文件。

2. 直流工作点仿真分析

1）设置仿真参数

执行菜单命令 Design/Simulate/Mixed Sim，或单击仿真工具栏上的图标 🍴，打开仿真分析设置对话框。在该对话框左边的 Analyses/Options 栏中选中 Operating Point Analysis（直流工作点分析），再选中 General Setup 选项，对仿真进行常规设置，仿真器的设置如图 6.41 所示。把 Available Signals 列表框中的 Q1[ib]，Q1[ic]，Q1[ie]，VB，VC，VE 添加到 Active Signals 列表框中。

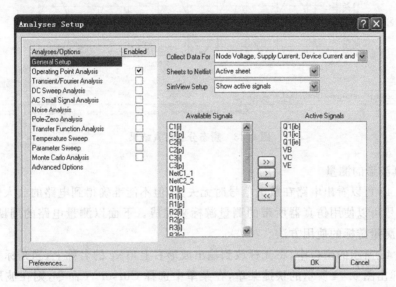

图 6.41 直流工作点分析的仿真参数设置

2）运行直流工作点分析仿真结果

设置完仿真参数后，单击右下角的 OK 按钮，开始运行电路仿真，直流工作点分析的仿真结果如图 6.42 所示，并且仿真结果以 .sdf 为扩展名存放在同一设计项目中。从仿真结果可以看出该电路的静态工作点设置是合理的。

如果完成仿真参数设置后，没有显示仿真结果，可以单击仿真工具栏上的图标 🖼 运行仿真结果。

📇 模拟放大电路.SchDoc *	📇 模拟放大电路.sdf *
vb	4.895 V
vc	10.80 V
ve	4.229 V
q1[ib]	15.70uA
q1[ic]	2.099mA
q1[ie]	-2.115mA

图 6.42 直流工作点分析的仿真结果

3. 瞬态特性仿真分析

1）设置瞬态分析仿真参数

将常规设置页中 Active Signals 列表框中的 VB 和 VC 作为测试点，其他设置采用默认值，然后选中仿真分析设置对话框中的 Transient/Fourier Analysis。

2）运行瞬态分析仿真结果

设置完成后，单击 OK 按钮，得到如图 6.43 所示的瞬态分析仿真结果。从波形可以看出，此电路实现了信号的无失真放大。

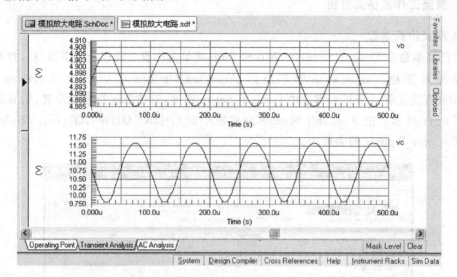

图 6.43　瞬态分析仿真结果

3）仿真波形的测量

从图 6.43 可以看出电路在放大信号时无失真，但不能准确得到电路的放大倍数。对波形的准确测量可以使用仿真器所带的测量游标来完成。下面以测量电路的周期和峰-峰值为例来说明测量游标的使用方法。

在图 6.43 所示的窗口中，将光标放到输出波形右上角 vc 的名称上，当光标变成小手形状时右击，弹出图 6.44 所示的快捷菜单，在菜单中选择 Cursor A 命令，则在波形的最左端出现游标 A，再次打开该快捷菜单，选择 Cursor B 命令，则在波形的最右端出现游标 B。移动游标 A 和 B 到两个相邻波形的波峰处，如图 6.45 所示，在此测量波形的周期。

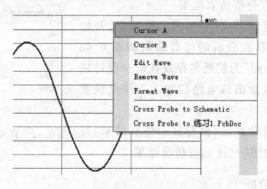

图 6.44　调出测量游标的快捷菜单

单击图 6.43 所示的仿真窗口右下角的 Sim Data 面板标签，会弹出 Sim Data 工作面板，在面板的 Measurement Cursors 区域，显示了游标的测量结果，如图 6.46 所示。其中 X 列的值为测量点的时间（单位是 μs），Y 列的值为测量点的电压值（单位是 V）。并且给出了

B-A 的值,其中 X 值表示两个测量点之间的时间差,即信号的周期,其值约等于 $100\mu s$,相应的频率为 10kHz。

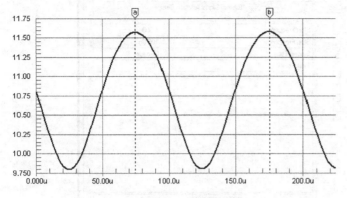

图 6.45　测量 vc 波形的周期　　　　　图 6.46　vc 波形的周期测量结果

再将游标 A 和 B 分别移动到波峰和波谷处,如图 6.47 所示,在此测量波形的峰-峰值。此时 Sim Data 工作面板的 Measurement Cursors 区域所显示的内容如图 6.48 所示。此时 B-A 值的 Y 值表示两个测量点之间的电压差,即输出电压的峰-峰值,其值为 1.7766V。由于输入电压信号的幅值是 10mV(即峰-峰值为 20mV),因此可得该电路的电压放大倍数为 A＝1.7766/0.02≈89 倍。

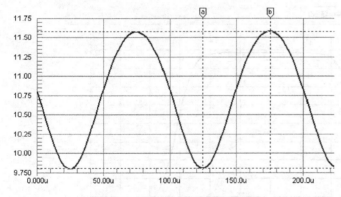

图 6.47　测量 vc 波形的峰-峰值　　　　图 6.48　vc 波形的峰-峰值测量结果

要去掉游标 A 或 B,只需将鼠标移到游标上右击,在弹出的快捷菜单中选择 Cursor Off 命令即可。

4．交流小信号仿真分析

1) 设置交流小信号分析仿真参数

在仿真分析设置对话框中选中 AC Small Signal Analysis,然后将常规设置页 Active Signals 列表框的 VC 作为测试信号。

打开 AC Small Signal Analysis 选项的设置页,将扫描的起始频率设置为 1.000Hz,终止频率设置为 100GHz,采用对数扫描方式,测试点个数为 1000 个,如图 6.49 所示。

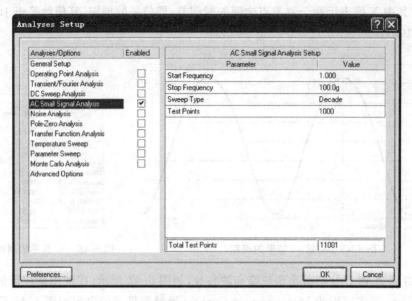

图 6.49　交流小信号分析的仿真参数设置

2) 运行交流小信号分析仿真结果

设置完成后,单击 OK 按钮,得到如图 6.50 所示的交流小信号分析仿真结果。

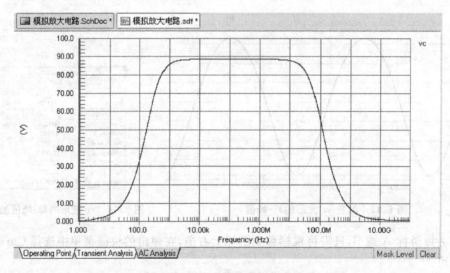

图 6.50　交流小信号分析仿真结果

5. 参数扫描分析

1) 设置参数扫描分析仿真参数

在仿真分析设置对话框中选中 Parameter Sweep,对放大电路进行参数扫描,在 Parameter Sweep 设置页中将集电极电阻 R3 作为主扫描参数,观察电阻 R3 的变化对输出波形的影响,具体参数的设置如图 6.51 所示。

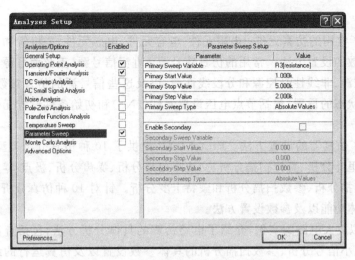

图 6.51 参数扫描分析的仿真参数设置

2）运行参数扫描分析仿真结果

设置完成后，单击 OK 按钮，得到参数扫描分析仿真结果，如图 6.52 所示。图中 vc-p1，vc-p2，vc-p3 分别表示 R3＝1kΩ，3kΩ，5kΩ 时的输出波形。从波形可以看出，电阻 R3 越小，输出波形幅度越小；反之 R3 越大，输出波形的幅度越大，电路的放大能力越强，但 R3 太大时容易产生饱和失真。因此，利用参数扫描分析可以确定电路中某一元件的最佳参数值。

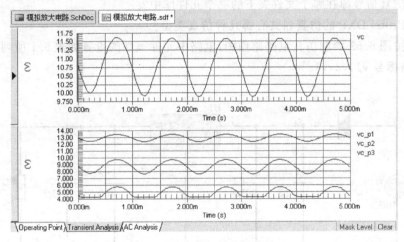

图 6.52 参数扫描分析结果

6.7 小 结

（1）仿真的概念及仿真的基本流程。

仿真是指在计算机上通过软件模拟电路的实际工作过程，并计算出在给定条件下电路中各个节点的输出波形。

仿真的基本流程：设计仿真电路原理图，设置仿真元件参数，放置仿真信号源并设置其参数，放置电路的仿真节点，设置仿真分析类型和参数，运行原理图仿真分析，观察仿真结果。

(2) 介绍了常用的仿真元件：电阻元件、电容元件、电感元件、二极管和三极管，以及这些元件仿真参数的设置方法。常用的仿真信号源：直流信号源、正弦信号源、周期性脉冲信号源、线性受控源、非线性受控源和分段线性源，以及这些信号源的仿真参数设置方法。介绍了仿真初始状态的设置，包括节点电压设置元件(.NS)和初始条件设置元件(.IC)的设置方法。

(3) 介绍了仿真器的设置方法。Protel DXP 提供了 10 种仿真分析类型：直流工作点分析、瞬态/傅里叶分析、直流扫描分析、交流小信号分析、噪声分析、极点-零点分析、传递函数分析、温度扫描分析、参数扫描分析和蒙特卡罗分析。针对 10 种仿真分析类型，介绍了每一种仿真的具体功能以及参数设置方法。

(4) 以模拟放大电路为实例，介绍了电路仿真的具体分析方法，包括直流工作点分析、瞬态分析、交流小信号分析、参数扫描分析的具体参数设置以及仿真运行的结果分析，使读者进一步体会到电路仿真的意义。

习 题 6

6.1　绘制仿真电路原理图时，原理图中的元器件应具有什么属性？常用的仿真元器件在哪个元件库中？

6.2　仿真信号源在哪个文件夹下的哪个元件库中？

6.3　Protel DXP 的仿真器共有哪几种仿真类型？

6.4　按图 6.53 绘制仿真电路原理图，电路中元件属性的设置如表 6.1 所列，在原理图中放置网络标号 v1，v2，v3。

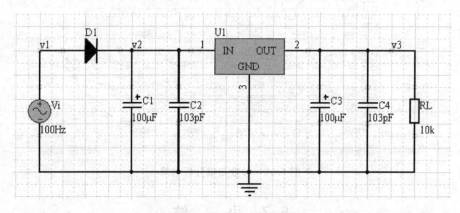

图 6.53　习题 6.4 仿真原理图

(1) 对电路进行瞬态分析，观察 v1，v2，v3 的波形。瞬态分析的仿真属性采用默认设置。

(2) 对电路进行参数扫描分析，选择 v2 作为扫描测试点，将滤波电容 C1 作为主扫描参数，观察 C1 参数的变化对波形 v2 的影响。主扫描参数的设置为：扫描起始值为 $30\mu F$，扫描终止值为 $130\mu F$，扫描步长为 $50\mu F$。仿真结果如图 6.54 所示。

表 6.1 习题 6.4 元件属性列表

元件名称 LibRef	元件标号 Designator	仿真属性 Simulation	所在元件库 Libraries
Cap pol1	C1	Value＝100μF Initial Voltage＝0	
Cap pol1	C3	Value＝100μF Initial Voltage＝0	
Cap	C2	Value＝103pF Initial Voltage＝0	Miscellaneous Devices．IntLib
Cap	C4	Value＝103pF Initial Voltage＝0	
Diode	D1	Starting Condition＝OFF	
RES2	RL	Value＝10kΩ	
LM78L05ACH	U1	默认设置	NSC Power Mgt Voltage Regulator．IntLib
VSIN	Vi	Amplitude＝12V Frequency＝100Hz	Simulation Sources．IntLib

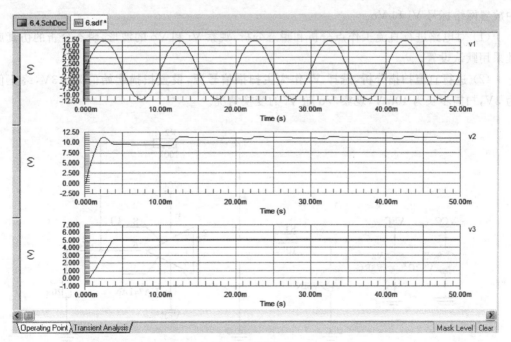

(a)瞬态分析结果

图 6.54 习题 6.4 仿真分析结果

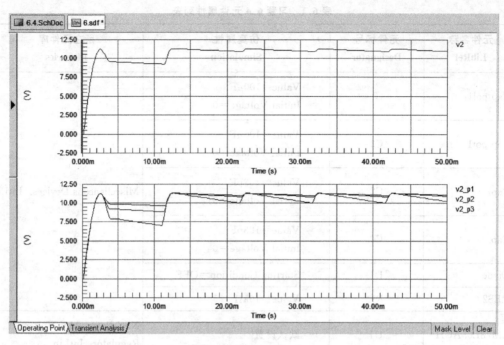

(b) 参数扫描分析结果

图 6.54（续）

6.5　按图 6.55 绘制仿真电路原理图，电路中元件属性的设置如表 6.2 所列，在原理图中放置网络标号 Vi 和 Vo。

（1）对电路进行直流工作点分析和瞬态分析，观察 Vi 和 Vo 的波形，瞬态分析的仿真属性采用默认设置。

（2）进行直流扫描分析，选择 Vi 作为主扫描信号源，设置扫描起始值为 −3V，终止值为 3V，扫描步长为 10mV，观察 Vo 随 Vi 的变换情况。

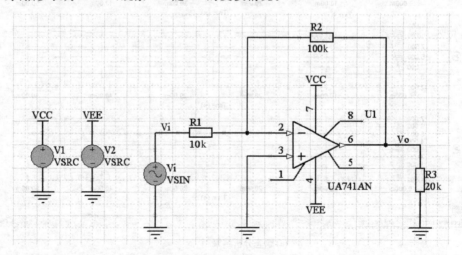

图 6.55　习题 6.5 仿真原理图

表 6.2　习题 6.5 元件属性列表

元件名称 LibRef	元件标号 Designator	仿真属性 Simulation	所在元件库 Libraries
RES2	R1	Value＝10kΩ	Miscellaneous Devices. IntLib
RES2	R2	Value＝100kΩ	Miscellaneous Devices. IntLib
RES2	R3	Value＝20kΩ	Miscellaneous Devices. IntLib
UA741AN	U1	默认设置	ST Operational Amplifier. IntLib
VSIN	Vi	Amplitude＝100mV Frequency＝1kHz	Simulation Sources. IntLib
VSRC	V1	Value＝12V	Simulation Sources. IntLib
VSRC	V2	Value＝−12V	Simulation Sources. IntLib

（3）进行交流小信号分析，将 Vo 作为扫描测试点，设置扫描起始频率为 1Hz，终止频率为 1GHz，采用对数扫描方式，扫描测试点数为 100，观察 Vo 的频率特性曲线。

仿真分析结果如图 6.56 所示。

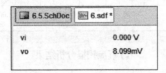

(a) 直流工作点分析结果

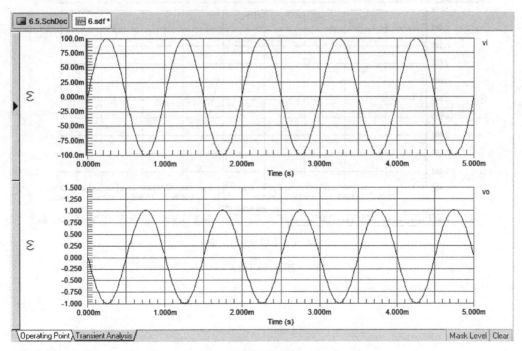

(b) 瞬态分析结果

图 6.56　习题 6.5 仿真结果

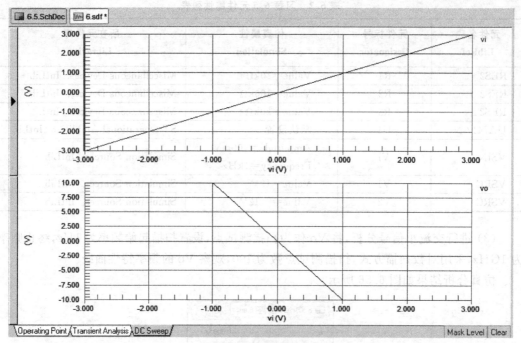

(c) 直流扫描分析结果

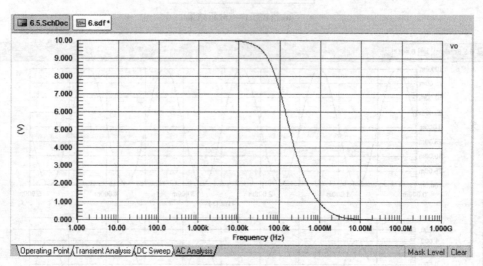

(d) 交流小信号分析结果

图 6.56 (续)

第7章

电路板设计入门

印制电路板(Printed Circuit Board,PCB)的设计是电子产品设计过程中的另一个重要环节。在介绍印制电路板的设计之前,本章首先介绍电路板设计的一些入门知识,包括:印制电路板基础,电路板的设计流程,电路板设计环境的设置,电路板工作层的设置,最后通过一个具体电路的电路板设计实例,快速介绍电路板设计的基本过程。

7.1　印制电路板基础

在电子产品的设计中,印制电路板的设计才是最终目的。在进行 PCB 设计之前,本节首先介绍 PCB 的结构及相关的基本知识。

7.1.1　电路板的结构

印制电路板(PCB)是在一块绝缘度非常高的基板上覆盖一层导电性能良好的铜模,制成覆铜板,然后再根据 PCB 图的具体要求,在导电材料上蚀刻出铜模导线,并在板上钻出焊盘、过孔及安装定位孔。对于多层板还要对焊盘和过孔进行金属化处理,以保证焊盘和过孔在不同板层之间的电气连接。

电路板的种类很多,根据电路板结构的不同,可将电路板分为单面板(Signal Layer)、双面板(Double Layer)和多层板(Multi Layer)。

1. 单面板

单面板是在绝缘基板上只有一面有铜膜导线的印制电路板。单面板中有铜膜导线的一面称为焊接面,没有铜膜导线的一面称为元件面。单面电路板结构简单,成本较低,但由于单面板只能在一面布线,因此当电路比较复杂时,导线的布通率较低。因此单面板适用于连线数量不多、相对简单的电子产品。

2.双面板

双面板是在绝缘基板的两面都有铜膜导线的印制电路板。双面板的两个布线层分别为顶层(Top Layer)和底层(Bottom Layer),通常情况下,元件面处于顶层,顶层和底层之间的电气连接通过焊盘或过孔的内壁金属化来实现。双面板设计简单,由于可以两面走线,所以布线相对容易,布通率高,是目前应用最广泛的一种印制电路板。

3.多层板

多层板是在顶层和底层之间又包含了若干工作层的电路板,多层板的中间层可以是信号层、内部电源层或接地层等,层与层之间是绝缘的。多层板的制造工艺较为复杂,生产成本高。但由于多层板层数多,走线方便,布通率高,连线短,印制板面积也较小。另外在多层板中,可充分利用电路板的多层结构解决电磁干扰问题,提高了电路系统的可靠性。因此目前的计算机部件,如主板、内存条和显示卡等均采用4层或6层的多层板。

下面以图7.1所示的四层板的剖面图为例,介绍电路板的结构及有关名词。

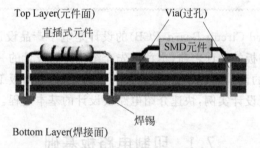

图 7.1 四层板剖面结构图

从图7.1可以看到,四层板由一个顶层(Top Layer)、一个底层(Bottom Layer)和两个中间层构成。其中顶层和底层用来布设导线,中间层通常由整片的铜膜构成电源或接地板层。层与层之间是绝缘的,避免相互干扰。

除了板层以外,一个印制电路板还包括布放在不同板层上的元件、导线、焊盘和过孔。电路板中的元件有两种:一种是直插式元件,另一种是表面粘贴式元件(SMD 元件)。直插式元件的焊盘需要钻孔,以便插入元件引脚。而表面粘贴式元件的焊盘不需要钻孔,元件直接粘贴在电路板表面的焊点位置上。电路板上的元件通过其引脚与焊盘、导线和过孔所构成的网络焊接在一起,形成具有电气特性的电路。不同板层间的导线由贯穿于它们的金属化焊盘或过孔相连。

7.1.2 PCB 设计的工作层

Protel DXP 在电路板设计过程中采用层的管理模式,无论是单面板、双面板还是多层板都包含了多个工作层,不同的工作层具有不同的用途并采用不同的颜色加以区分,有些层并不是实际存在的物理层,只是电路设计中的参考层。在 PCB 设计之前,用户可以根据自己的需要对板层进行设置。PCB 设计中的工作层包括信号层、内部电源层、机械层、丝印层和钻孔层等若干个工作层。

1. 信号层(Signal Layers)

信号层主要用于布设铜模导线。Protel DXP 提供了 32 个信号层,除了顶层和底层以外,还有 30 个中间布线层(Mid Layer 1~Mid Layer 30)。

其中,顶层也称为元件面,是元器件的安装面。在单面板中不能在顶层布线,只有在双面板或多层板中才允许在元件面进行少量布线。在多层板中,包括表面粘贴元件在内的所有元件,应尽可能安装在元件面上。

底层也称为焊接面,主要用于布线。底层是单面板中唯一的布线层,也是双面板和多层板的主要布线层。

中间信号层主要用于放置信号线,通常,只有 5 层以上的电路板才需要在中间信号层布线。

2. 内部电源、接地层(Internal Planes)

内部电源、接地层是整个覆铜的内部板层,主要用于连接电源和接地网络。Protel DXP 提供了 16 个内部电源层。对于复杂的电路,与电源和接地网络相连的节点很多,所以就有必要在电路板内部用整片铜膜建立一个内部电源、接地层。信号层内需要与电源或接地网络相连的印制导线可以通过金属化过孔与内部电源、接地层相连,从而减少了电路板表层电源和地线的连线长度。

3. 机械层(Mechanical Layers)

机械层没有电气特性,主要用来确定电路板的机械边框,放置一些标注和说明等文字信息。Protel DXP 提供了 16 个机械层。

4. 防护层(Mask Layers)

防护层包括阻焊层和锡膏防护层,阻焊层用于插装式元件,锡膏防护层用于表面贴装元件。阻焊层的作用是防止焊接过程中由于焊锡扩张引起的短路。Protel DXP 提供了 4 个防护层:顶层阻焊层(Top Paste)、底层阻焊层(Bottom Paste)、顶层锡膏防护层(Top Solder)和底层锡膏防护层(Bottom Solder)。

5. 丝印层(Silkscreen Layers)

丝印层主要用于显示元件封装的轮廓和元件标号等信息。这些信息通过丝网印刷方式印制在电路板的元件面上,以便生产过程中插装元器件。Protel DXP 提供了两个丝印层:顶层丝印(Top Overlay)和底层丝印层(Bottom Overlay)。

6. 其他层(Other Layers)

其他层包括:钻孔位置层(Drill Guide)、禁止布线层(Keep-Out layer)、钻孔图层(Drill

Drawing)和多层(Multi-Layer)。

钻孔位置层基本不用,钻孔图层通常用来产生制作 PCB 时的钻孔图片,但在 PCB 设计页面的 Drill Drawing 层看不到钻孔符号,钻孔符号在 PCB 输出时会自动产生。

禁止布线层用来定义电路板的电气边框,以确定自动布局、布线的范围。电路板设计时应使板子的电气边框不超过机械边框。

多层是贯穿于每个信号层的工作层,在多层上放置的焊盘和过孔会自动添加到所有的信号层中。

7.1.3 电路板设计中的图件

1. 元件封装(Footprint)

元件封装是指元件焊接到电路板时所指示的外形轮廓、尺寸以及引脚位置。不同的元件,只要它们具有相同的外形和引脚位置,就可以使用同一种元件封装;同样,同一种元件也可以有不同的封装,例如电阻元件,根据它外形的不同,就有轴向封装和表面粘贴式封装。

元件封装的种类很多,常用的有电阻式封装(Resistors)、二极管封装(Diodes)、电容封装(Capacitors)、双列直插式封装(DIP)、球栅阵列封装(BGA)和无引线芯片载体封装(LCC)等。这些封装又可以划分为两大类,即直插式封装和表面粘贴式封装。

直插式元件的封装及在电路板上的安装如图 7.2 所示。表面粘贴式元件的封装及在电路板上的安装如图 7.3 所示。

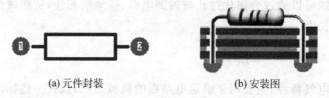

(a) 元件封装　　　　　　　(b) 安装图

图 7.2　直插式元件

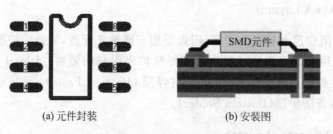

(a) 元件封装　　　　　　　(b) 安装图

图 7.3　表面粘贴式元件

2. 导线和飞线

PCB 设计中的导线就是印制电路板上的铜膜走线,用于连接各个焊盘,是印制电路板最重要的组成部分。电路板的设计就是围绕如何布置导线来进行的。

图 7.4 为电路板上的导线示意图。位于顶层和底层的导线颜色不同,顶层导线的默认颜色为红色,底层导线的默认颜色为蓝色,用户也可以自己设置导线的颜色。

与导线有关的另外一种线称为飞线,即预拉线,是在网络表引入之后,系统根据规则生成的,用来指引布线的一种连线。

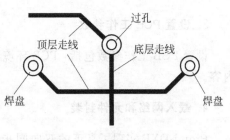

图 7.4 电路板上的导线

飞线与导线有本质区别,飞线只是形式上的一种连线,没有电气连接意义。导线则是根据飞线的指示而布置的,是具有电气连接意义的连线。

3. 焊盘(Pad)和过孔(Via)

电路板上的焊盘对应元件的引脚,用于焊接元件实现电气连接,同时起到固定元件的作用。直插式元件的焊盘从顶层通到底层,对于双层板或多层板,为了实现不同板层的电气连接,有的焊盘需要对孔壁进行金属化处理。而表面粘贴式元件的焊盘只限于放置在元件的表面板层,不用穿孔。在 Protel DXP 中,直插式元件的焊盘自动放置在多层(MultiLayer),而表面粘贴式元件的焊盘与元件同处于顶层(Top Layer)。

过孔的作用是实现不同板层上的电气连接。过孔的形状类似于焊盘,中心被钻孔,并且对孔壁进行了金属化处理。过孔可以是多层过孔、盲孔或埋孔。多层过孔从顶层通到底层,并允许连接所有的内部信号层。盲孔是从表层到内层的过孔,埋孔是从一个内层连接到另一个内层的过孔。

7.2 电路板设计流程

了解电路板的设计流程可以在后面电路板设计的学习中比较容易把握重点,因此在介绍电路板设计之前,先介绍一下电路板的设计流程。PCB 设计流程如图 7.5 所示。

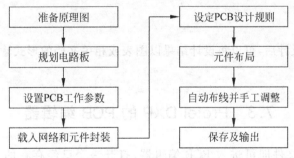

图 7.5 电路板设计流程

1. 准备原理图

在电路板设计之前,首先要完成电路原理图的设计,只有在原理图设计完全无误的基础上才能开始启动 PCB 设计。

2. 规划电路板

在设计电路板之前,要对电路板有一个初步规划,包括板层的规划、外形尺寸和形状的规划等。这是一项非常重要的工作,是确定电路板设计的框架。

3. 设置 PCB 工作参数

设置 PCB 工作参数包括：PCB 环境参数的设置、PCB 板层的设置和系统参数的设置等内容。

4. 载入网络和元件封装

Protel DXP 实现了真正的双向同步设计,既可以将原理图生成的网络表文件导入到 PCB 中,也可以通过相应的命令直接将原理图文件更新到 PCB 中。只有将原理图文件中的元件封装及网络连接关系正确地导入到 PCB 之后,才能进行后序流程的设计。

5. 设定 PCB 设计规则

设定 PCB 设计规则是 PCB 设计中非常关键的一步,PCB 设计规则包括布局规则和布线规则等,具体规则的设定方法将在第 8 章中介绍。

6. 元件布局

元件的布局可以采用 Protel DXP 的自动布局工具来完成。自动布局完成后,对于布局不太满意的地方,可以进行手工调整,以达到满意的效果。元件布局应从板子的机械结构、电磁干扰、美观以及有利于布线等方面综合考虑。

7. 自动布线并手工调整

Protel DXP 的自动布线功能非常强大,自动布线的成功率几乎可达 100%,自动布线可以节约布线时间,但对于一些关键信号,自动布线很难满足设计要求,需要手工调整。自动布线与手工调整相结合,可以达到比较满意的效果。

8. 保存及输出

完成电路板的设计后,可以将设计结果以图表或相关文档的形式输出,以便加工生产及存档。

7.3 Protel DXP 的 PCB 编辑器

新建一个 PCB 文件即可进入 PCB 编辑器,打开一个已经存在的 PCB 文件也可进入 PCB 编辑器。本节以系统自带的 PCB 文件为例介绍 PCB 编辑器的工作界面、菜单栏和工具栏、PCB 工作面板以及 PCB 编辑器的画面管理。

7.3.1 PCB 编辑器工作界面

打开系统自带的文件 Altium\Example\Reference Design\4 Port Serial Interface\4 Port Serial Interface. Pcbdoc,进入到 PCB 编辑器,如图 7.6 所示。PCB 编辑器仍然由菜单栏、工具栏、工作面板、工作区以及状态栏组成。PCB 编辑器与主界面相比,增加了一些用于 PCB 设计的菜单项和工具栏。

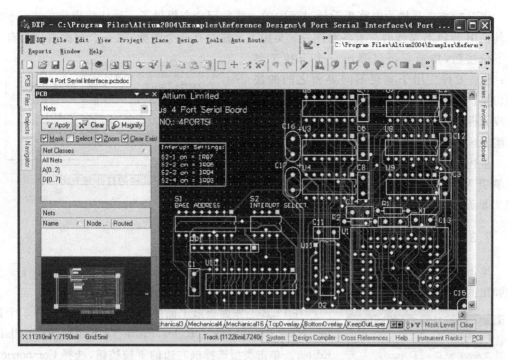

图 7.6 电路板编辑器

7.3.2 菜单栏与工具栏

PCB 编辑器的菜单栏与原理图编辑器的菜单栏类似,不同的是提供了一些用于 PCB 编辑操作的菜单项。在 PCB 设计中,与设计有关的所有操作命令都可以通过相应的菜单项来完成。有关各菜单项的具体命令将在后面用到的地方详细介绍。

PCB 编辑器的工具栏有 PCB 标准工具栏(PCB Standard)、布线工具栏(Wiring)、实用工具栏(Utilities)、导航工具栏(Navigation)和过滤器工具栏(Filter),如图 7.7 所示。

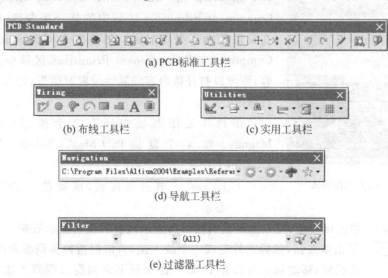

图 7.7 PCB 编辑器的工具栏

PCB 标准工具栏为电路板设计过程中的一些常用命令提供了一种快捷操作方式；布线工具栏用于 PCB 布线时放置各种图件；实用工具栏共有 6 个图标，每一个图标右边都有一个下拉按钮，单击它可以弹出一个下拉工具栏；导航工具栏用于实现不同界面之间的快速切换；过滤器工具栏可以根据网络、元件标号或元件属性等过滤参数，使符合条件的图件在编辑区内高亮度显示。

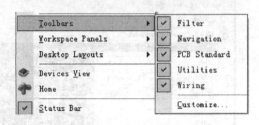

图 7.8　工具栏的打开与关闭命令

上述工具栏打开与关闭的操作可以通过菜单项 View/Toolbars/的子菜单来完成，如图 7.8 所示。

7.3.3　PCB 工作面板

单击图 7.6 所示的窗口左侧上方的 PCB 工作面板标签，或单击右下角的标签 PCB，在弹出的菜单中选择 PCB 命令，都可以打开 PCB 工作面板，如图 7.9 所示。

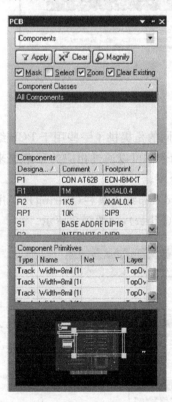

图 7.9　PCB 工作面板

在 PCB 工作面板最上面的类型选择框中，共有 5 个选项：Nets，Components，Rules，From-To Editor，Split Plane Editor。单击类型选择框右边的下拉按钮，选择 Components 类型，下面以 Components 类型为例，介绍 PCB 面板的使用。

- Component Classes 区域　元件分类。
- Components 区域　显示 Component Classes 区域所选中元件分类的所有元件。
- Component Primitives 区域　显示 Components 区域所选中元件的相关信息。

如果单击 Component Classes、Components 或 Component Primitives 区域中的某一项内容，则该内容将在编辑区内高亮度显示。如果双击 Component Classes、Components 或 Component Primitives 区域中的某一项内容，则可以打开该内容的属性编辑对话框，对其中的信息进行修改。

在 PCB 工作面板中还有 3 个按钮（Apply，Clear，Magnify）和 4 个复选框（Mask，Select，Zoom，Clear Existing），下面分别介绍。

- ▽ Apply　单击该按钮，恢复前一步工作窗口的显示。
- ✗ Clear　单击该按钮，可以恢复编辑窗口所显示内容的最初显示效果。
- ♀ Magnify　单击该按钮，鼠标指针变成一个放大镜，将鼠标指针移到编辑区，放大镜会拖动一个虚线框，移动鼠标可以在 PCB 工作面板下面的窗口观察到虚框内区域放大的显示效果。

- Mask 选中该项,则显示某对象时,屏蔽其他未选对象。
- Select 选中该项,则显示某对象时,也显示该对象选中时的状态。
- Zoom 选中该项,则显示某对象时,同时将该对象移到编辑区中间。
- Clear Existing 选中该项,则显示某对象时,编辑区只显示该对象。不选此项,则显示某对象时,编辑器将对此次选中对象以及上次选中对象同时显示。

7.3.4 PCB 编辑器的画面管理

1. 画面显示的缩放

在 View 的下拉菜单中提供了各种有关画面显示的操作命令,如图 7.10 所示。其中各项命令含义如下:

- Fit Document 将整个文档的所有对象在窗口完全显示,包括 PCB 图纸标题栏,但不一定包括图纸边界。PCB 标准工具栏上的图标  也可以完成该命令。
- Fit Sheet 将 PCB 图纸在窗口中完全显示,包括 PCB 图纸的标题栏和边界。
- Fit Board 将整个电路板在窗口中完全显示。
- Area 区域放大命令,执行命令后光标变成十字形,移动光标至目标区域的一角并单击,再移动光标至目标区域的另一对角并单击,则所框选区域在窗口中完全显示。该命令等同于 PCB 标准工具栏上的图标 。
- Around Point 以点为中心的区域放大命令,执行命令后光标变成十字形,移动光标至目标区域的中央并单击,再移动光标,则以鼠标单击处为中心拖出一个矩形框,再次单击,则所框选区域在窗口中完全显示。

图 7.10 View 菜单中有关画面显示的命令

- Selected Objects 先用鼠标选取对象,然后再执行此命令,则被选取对象在窗口中完全显示。该命令等同于 PCB 标准工具栏上的图标 。
- Filtered Objects 在过滤器筛选对象后,执行此命令,则被筛选对象在窗口中完全显示。该命令等同于 PCB 标准工具栏上的图标 。
- Zoom In 放大命令,放大 PCB 图纸在窗口中的显示,该命令可重复执行。
- Zoom Out 缩小命令,缩小 PCB 图纸在窗口中的显示,该命令可重复执行。
- Zoom Last 使窗口恢复上一次显示的状态。
- Pan 使窗口在不改变显示比例的情况下,显示以鼠标所在点为中心的区域。
- Refresh 刷新图纸命令,目的是消除一些操作后在 PCB 图纸上留下的斑点或图形变形等问题。

2. 画面的移动

在 PCB 的设计过程中,通常 PCB 窗口只显示所绘图纸的一部分画面,要对其他部分进行设计或查看时就必须移动工作窗口的画面,画面的移动方式有以下3种。

1)滚动条移动画面

最常用的画面移动方法就是使用上下滚动条和左右滚动条。这是 Windows 应用软件的基本操作,这里不在赘述。

2)游标手移动画面

在 PCB 工作区按住鼠标右键不放,当鼠标指针变成小手形状时,通过拖动鼠标可以任意移动 PCB 的显示区域,游标手使得调整 PCB 的显示区域更加快捷和方便。

3)微型窗口移动画面

在 PCB 工作面板的下方有一个显示窗口,如图 7.11 所示。该窗口显示了当前正在编辑的整张 PCB 图纸,窗口中有一个矩形框,表示当前编辑窗口所显示的范围。用鼠标拖动该矩形框就可以移动当前的显示画面。因此利用该窗口可以迅速将显示画面移动到图纸的某个区域。

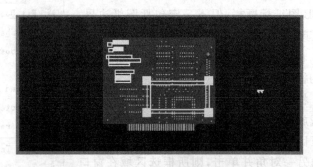

图 7.11 PCB 工作面板中的微型窗口

3. 英制、公制的切换

在 PCB 编辑器中,可以选择英制(单位为 mil,$1mil=0.001in$)或公制(单位为 mm)两种长度计量单位。两种单位的换算关系如下:

$1mil=0.0254mm$

$1000mil(1in)=25.4mm$

执行菜单命令:View/Toggle Units 可以完成英制、公制的切换,执行该命令一次,英制、公制状态改变一次。状态栏的英制、公制显示状态如图 7.12 所示。

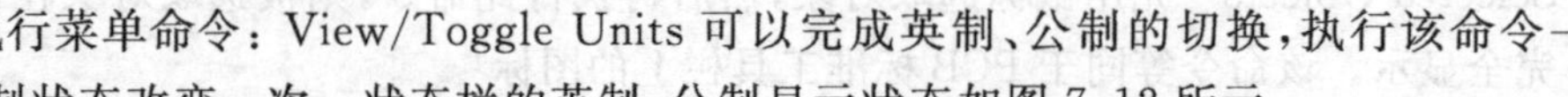

X:3770mil Y:3005mil   Grid:5mil   X:95.504mm Y:111.252mm   Grid:0.127mm

(a)状态栏显示的英制光标位置   (b)状态栏显示的公制光标位置

图 7.12 状态栏的英制、公制显示

7.4 PCB 工作参数的设置

PCB 工作参数的设置包括环境参数的设置、PCB 板层的设置以及系统参数的设置等内容,下面分别介绍。

7.4.1 PCB 环境参数的设置

PCB 环境参数的设置在 PCB 选项对话框中进行,执行菜单命令 Design/Board Options,即可弹出 PCB 选项对话框,如图 7.13 所示。该对话框的各项设置内容如下:

- Measurement Unit 用来进行公制或英制测量单位的选择,共有两个选项,Metric 表示公制,Imperial 表示英制。
- Snap Grid 设置锁定网格的大小,在它右边的下拉列表中可以选择锁定网格的具体数值,其数值表示光标在图纸上移动的最小距离。可以分别对 X 方向和 Y 方向进行锁定网格的设置。
- Component Grid 设置元件在图纸上移动的最小距离,通常采用系统默认值。
- Electrical Grid 设置电气网格,即自动寻找电气节点的功能。选中该选项,则在 PCB 布线时,会以光标为中心,以 Range 栏中设定的值为半径,自动搜索旁边的电气连接点,当光标移到电气连接点附近(以 Grid Range 栏中设定的值为半径的范围内),光标会自动跳到电气连接点上。
- Visible Grid 设置可视网格,包括网格的形状和尺寸。Markers 栏提供了两种可视网格的形状,Dots 表示点状网格,Lines 表示线状网格。PCB 编辑器提供了两组可视网格(Grid1 和 Grid2),在 PCB 编辑窗口看到的网格就是可视网格,可以在其右侧的窗口修改数值以修改可视网格的间距。
- Sheet Position 设置图纸位置,该区域中的 X 和 Y 用于设置图纸左下角的坐标值,Width 一栏设置图纸的宽度,Height 一栏设置图纸的高度。Display Sheet 和 Lock Sheet Primitive 复选框分别表示是否显示图纸和锁定图纸。
- Designator Display 用于设置元件标号的显示方式,有两种选择: Display Physical Designators 表示按物理方式显示,Display Logical Designators 表示按逻辑方式显示。

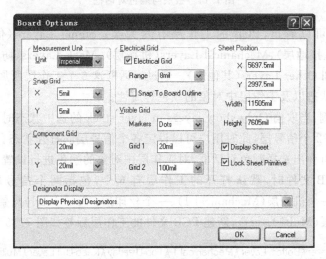

图 7.13 PCB 选项对话框

7.4.2　PCB 板层的设置

PCB 板层的设置包括 PCB 设计过程中工作层的设置以及 PCB 板层的管理,只有完成了这些设置之后,才能开始后面的设计工作。

1. PCB 工作层的设置

PCB 工作层的设置在板层与颜色对话框中进行,执行菜单命令 Design/Board Layers & Colors 即可弹出板层与颜色对话框,如图 7.14 所示。

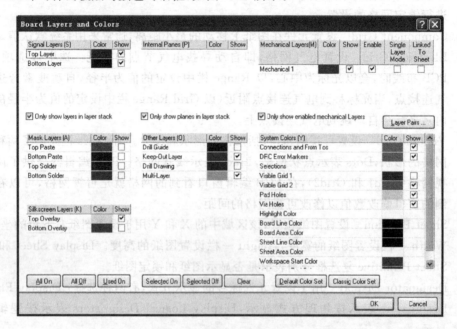

图 7.14　板层与颜色对话框

由该对话框可以看出,PCB 的工作层有六大类：Signal Layers(信号层)、Internal Planes(内部电源、接地层)、Mechanical Layers(机械层)、Mask Layers(防护层)、Silkscreen Layers(丝印层)和 Other Layers(其他层)。通过对话框这 6 个工作层所属区域可以设置各个工作层的打开状态以及工作层中对象的颜色等属性。

以信号层为例,当取消 Only show layers in layer stack 的选中状态时,则在该区域可以显示系统提供的 32 个信号层,此时用户可以设定各个信号层的打开状态。单击某一信号层右边的颜色块即可弹出选择颜色对话框,对工作层中对象的颜色进行设置。

新建一个 PCB 文件时,默认打开的工作层有 6 个,包括两个信号层(Top Layer 和 Bottom Layer)、一个机械层(Mechanical 1)、一个丝印层(Top Overly)、禁止布线层(Keep-Out Layer)和多层(Multi-Layer),新建 PCB 文件的工作层标签如图 7.15 所示。

\Top Layer /Bottom Layer /Mechanical 1 /Top Overlay /Keep-Out Layer /Multi-Layer /

图 7.15　新建 PCB 文件的工作层标签

除了对 6 个工作层的设置以外，如图 7.14 所示的对话框中还有一个 System Colors 区域，该区域的设置内容如下：

- Connections and From Tos　设置网络连接预拉线（即"飞线"）的显示状态及颜色。
- DRC Error Markers　设置 DRC 错误的显示状态及颜色。
- Selections　设置选取对象的颜色。
- Visible Grid 1　设置可视网格 1 的显示状态及颜色。
- Visible Grid 2　设置可视网格 2 的显示状态及颜色。系统默认情况下显示可视网格 2。
- Pad Holes　设置焊盘的显示状态及颜色。
- Via Holes　设置过孔的显示状态及颜色。

另外还有一些其他颜色的设置项，如高亮度显示颜色、电路板颜色和图纸颜色等。通常在板层与颜色对话框中，只需设置板层及一些对象的显示状态，颜色的设置均采用默认值。

2. PCB 板层的管理

Protel DXP 提供了一个板层堆栈管理器，用于进行 PCB 板层的管理与设置。执行菜单命令 Design/Layer Stack Manager 即可打开板层堆栈管理器，如图 7.16 所示。

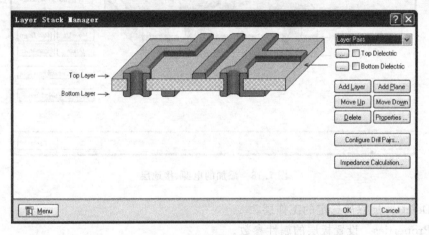

图 7.16　板层堆栈管理器

板层堆栈管理器默认采用双面板的设计，即给出了顶层（Top Layer）和底层（Bottom Layer）两个工作层面，如果用户对双面板不满意，可以通过右边的按钮进行设置和调整。堆栈管理器中各按钮的含义及各项设置如下：

- Add Layer　添加信号层。选中顶层，然后单击此按钮，则在顶层的下面添加了一个信号层，如图 7.17 所示。
- Add Plane　添加内部电源、接地层。选中某一板层，单击此按钮，即可添加一个电源、接地层。如果选中的是底层，则新添加的层位于底层的上面；如果选中其他层，则新添加的层位于选中层的下面，添加的电源、接地层如图 7.18 所示。
- Move Up　将选定的工作层向上移一层。
- Move Down　将选定的工作层向下移一层。

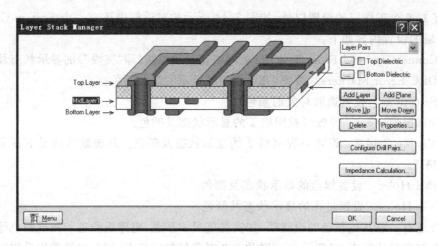

图 7.17　添加的信号层

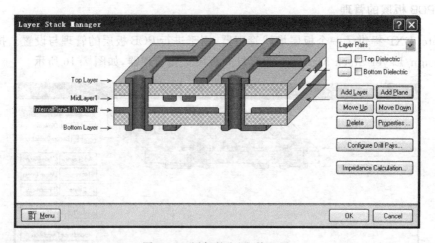

图 7.18　添加的电源、接地层

- Delete　删除所选定的工作层。
- Properties　设置板层的属性参数。

如果选中信号层,单击此按钮,可以弹出信号层属性设置对话框,如图 7.19 所示。在该对话框中的 Name 文本框中设置该板层的名称;Copper thickness 文本框中设置板层的铜膜厚度。

如果选中内部电源、接地层,单击该按钮,可以弹出内部电源、接地层属性设置对话框,如图 7.20 所示。该对话框中的 Net name 下拉列表框用来设置该层的网络名称,如 GND 或 VCC 等;Pullback 文本框用来设置内层铜模与过孔铜模不相交时的宽度,通常取默认值。

- Configure Drill Pairs　配置钻孔属性。单击此按钮,会弹出 Drill-Pair Manager 对话框,如图 7.21 所示。通常情况下采用默认设置,即使用通孔。如果需要使用盲孔或埋孔时,单击对话框中的 Add 按钮,会继续弹出 Drill-Pair Properties 钻孔属性对话框,在该对话框中设置起始层和终止层,即可完成盲孔或埋孔的设置。

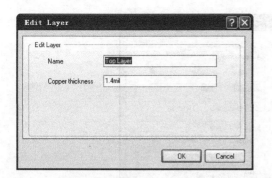

图 7.19 信号层属性设置对话框

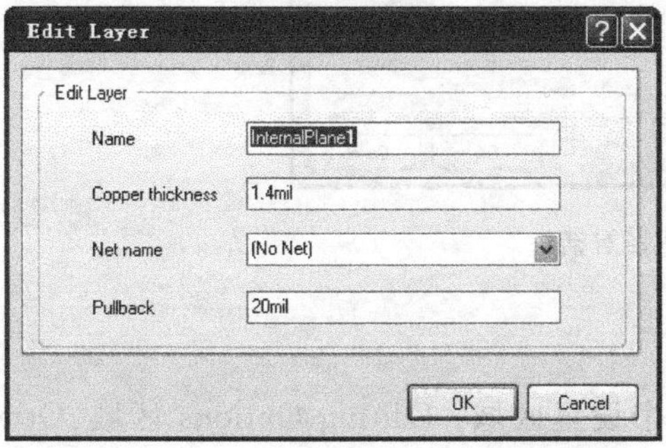

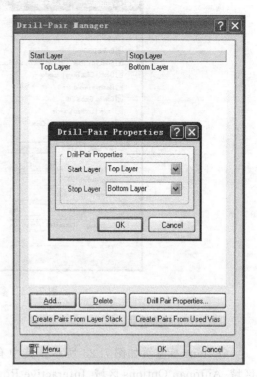

图 7.20 内部电源、接地层属性设置对话框

图 7.21 钻孔属性的设置

- Impedance Calculation 用于阻抗计算。
- Menu 单击此按钮,会弹出与上面按钮对应的菜单命令,如图 7.22 所示。其中 Example Layer Stacks 项的子菜单提供了多种标准电路板层的样式供用户选择,选中某一样式后,在板层堆栈管理器中将显示该电路板示意图。

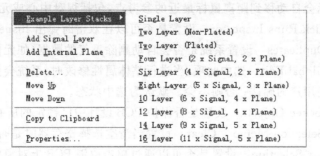

图 7.22 Menu 菜单

7.4.3 系统参数的设置

系统参数的设置在参数选择对话框中进行,执行菜单命令 Tools/Preferences 即可打开参数选择对话框,如图 7.23 所示。该对话框共有 4 个标签页:Options 标签页、Display 标签页、Show/Hide 标签页和 Defaults 标签页,下面分别介绍各标签页的设置。

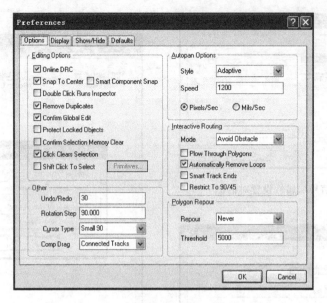

图 7.23　参数选择对话框

1. Options 标签页

Options 标签页如图 7.23 所示。其中有 5 个设置区域：Editing Options 区域、Other 区域、Autopan Options 区域、Interactive Routing 区域和 Polygon Repour 区域。

1) Editing Options 区域

- Online DRC　设置在布线时是否打开在线设计规则检查，默认为选中状态。
- Snap To Center　选中此项，则用鼠标移动对象时，十字光标会自动出现在元件的中心位置；不选此项，则用鼠标移动对象时，十字光标会出现在鼠标单击的位置。
- Smart Component Snap　在选中 Snap To Center 时，再选中此项，则用鼠标移动元件时，光标会自动移到距离鼠标最近的参考点，包括焊盘中心或元件中心。
- Double Click Runs Inspector　设置是否可以在双击时弹出 Inspector 工作面板。
- Remove Duplicates　设置系统是否会自动删除重复的数据（如元件等）。
- Confirm Global Edit　选中此项，当进行整体属性修改时，系统会弹出一个确认对话框，来征询用户的确认；否则不会。默认为选中状态。
- Protect Locked Objects　设置是否保护 PCB 设计中已锁定的所有对象。
- Confirm Selection Memory Clear　设置当清空选择寄存器时是否需要确认提醒。
- Click Clears Selection　设置是否可以通过单击取消 PCB 上对象的选取状态。不选此项，则在选取新图件时，以前所选图件仍处于选中状态；选中此项，则在选取新图件时，只有新选图件处于选中状态，以前所选取的图件将被取消，即单击可以取消 PCB 上对象的选取状态。
- Shift Click To Select　选中此项，必须使用 Shift＋单击才能选中对象；不选此项，只要单击对象即可选中该对象。

2) Other 区域

- Undo/Redo　设置"撤销/恢复"的次数。

- Rotation Step 设置 PCB 图件的旋转步长,在放置图件时,每按一下空格键,图件就会旋转一个角度,该角度由 Rotation Step 来设置,默认值为 90°。
- Cursor Type 设置光标类型,右边的下拉列表中共有 3 种选择:Large 90°(大 90°光标)、Small 90°(小 90°光标)和 Small 45°(小 45°光标)。
- Comp Drag 设置拖动元件时元件与导线的连接方式。右边的下拉列表中有两个选项,选中 Connected Tracks,当使用 Drag 命令拖动元件时,与元件相连的导线会随着一起移动,不会断开;选中 None,拖动元件时,与元件相连的导线会和元件断开。

3) Autopan Options 区域

该区域用于自动摇景的设置。自动摇景是指当十字光标移到编辑区边缘时,显示窗口会自动向着光标所在的方向移动。

- Style 设置自动摇景的模式,右边的下拉列表中列出了 7 种自动摇景模式,系统默认为 Adaptive(自适应)模式,表示系统自动选择画面移动的方式。
- Speed 当 Style 栏选中 Adaptive 模式时,出现该项,设置自动摇景的步长,单位有两种选择:Pixels/Sec(像素/s)和 Mils/Sec(0.001in/s)。

4) Interactive Routing 区域

该区域用于对交互布线的属性进行设置,具体内容如下:

- Mode 设置交互布线遇到障碍时的处理模式,右边的下拉列表中提供了 3 种模式:Ignore Obstacle(忽略障碍)、Avoid Obstacle(避免障碍)和 Push Obstacle(推走障碍)。
- Plow Through Polygons 设置当导线穿过覆铜区域的时候,系统是否使导线和覆铜区域保持安全距离。
- Automatically Remove Loops 设置在手工布线时,是否自动删除多余的回路。
- Smart Track Ends 用来设置布线过程中断点的显示方式,选中此项时,断点以点型飞线的形式连接到应连接点;不选此项,则断点以实型飞线的形式显示未连接线。
- Restrict To 90/45 设置在布线时,是否将导线模式限制在 90°和 45°。

5) Polygon Repour 区域

- Repour 设置覆铜过程中,相同网络相互重叠时采用的覆盖方式,下拉列表中有 3 个选项:Never(不覆盖相同网络的走线)、Threshold(按照设定的阈值进行覆盖)以及 Always(总是覆盖相同网络的走线)。
- Threshold 设置覆铜阈值。

2. Display 标签页

Display 标签页如图 7.24 所示。其中有 4 个设置区域和一个按钮:Display Options 区域、Plane Drawing 区域、Show 区域、Draft Thresholds 区域和 Layer Drawing Order 按钮。

1) Display Options 区域

- Convert Special Strings 设置是否将 PCB 中的特殊字符串转换成它们所代表的具体信息显示出来。

图 7.24　Display 标签页

- Highlight in Full　设置是否将被选取的对象以高亮度显示。
- Use Net Color For Highlight　设置对被选取的网络,是否使用网络本身的颜色高亮度显示。
- Redraw Layers　选中此项时,在切换板层后将重画各层,且当前层最后重画。
- Single Layer Mode　选中此项,只显示当前层,其他板层不显示;不选此项,显示所有打开的层。
- Transparent Layers　选中此项,则所有板层都处于透明状态,即不显示任何板层。
- Use Transparent Mode When Masking　设置在使用 Mask(屏蔽)时是否使被屏蔽的对象透明化。
- Show All Primitives In Highlighted Nets　设置是否将所有被设定为高亮度显示的网络显示出来,否则处于隐藏状态的网络即使被设定为高亮度显示,也仍为隐藏状态。
- Apply Mask During Interactive Editing　设置在交互式编辑时,是否可以使用屏蔽功能。
- Apply Highlight During Interactive Editing　设置在交互式编辑时,是否将被编辑的对象高亮度显示。

2) Plane Drawing 区域

该区域用于设置在单层显示模式下,内部电源分隔层轮廓的显示。下拉列表中有 3 个选项,含义如下:

- Outlined Layer Colored　内部电源分隔层轮廓的颜色与对应层的颜色相同。
- Outlined Net Colored　内部电源分隔层轮廓的颜色与之相连的网络颜色相同。
- Solid Net Colored　内部电源分隔层以实心的网络颜色显示。

3) Show 区域

- Pad Nets　设置是否显示焊盘的网络名称。

- Pad Numbers 设置是否显示焊盘序号。
- Via Nets 设置是否显示过孔的网络名称。
- Test Points 设置是否显示测试点。
- Origin Marker 设置是否显示坐标原点标记。
- Status Info 设置是否在状态栏显示当前的操作信息。

4) Draft Thresholds 区域

- Tracks 设置导线的显示极限,当导线宽度大于该值时以实际轮廓显示,小于等于该值时以简单的直线显示。
- Strings 设置字符串的显示极限,像素大于该值的字符串以文本显示,否则以方块显示。

5) Layer Drawing Order 按钮

单击此按钮,会弹出板层重画顺序对话框,如图 7.25所示。

该对话框用于设置各个板层重画的次序。在板层列表框中,排在最上面的板层最后画。在板层列表中选定某一板层后,单击 Promote 按钮可使此板层在列表中的位置上移,单击 Demote 按钮可使该板层在列表中的位置下移,单击 Default 按钮可恢复板层重画默认次序。

图 7.25 板层重画顺序对话框

3. Show/Hide 标签页

Show/Hide 标签页如图 7.26 所示。该标签页用于设置各种图形对象的显示模式,包括:Arcs(圆弧)、Fills(矩形填充)、Pads(焊盘)、Polygons(多边形覆铜)、Dimensions(尺寸标注)、Strings(字符串)、Tracks(导线)、Vias(过孔)、Coordinates(坐标)及 Rooms(空间)

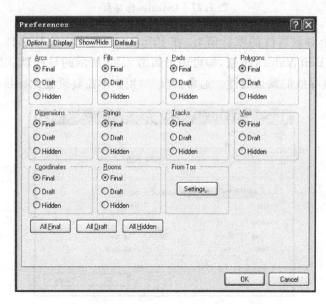

图 7.26 Show/Hide 标签页

等。共有 3 种显示模式:

- Final(精细) 按图形对象的实际显示。
- Draft(粗略) 只显示图形对象的轮廓。
- Hidden(隐藏) 不显示。

4．Defaults 标签页

Defaults 标签页如图 7.27 所示。该页用于设置 PCB 编辑器中各种组件的系统默认属性。包括 Arc(圆弧)、Component(元件封装)、Coordinate(坐标)、Dimension(尺寸标注)、Pad(焊盘)、Polygon(多边形覆铜)、String(字符串)、Track(导线)和 Via(过孔)。

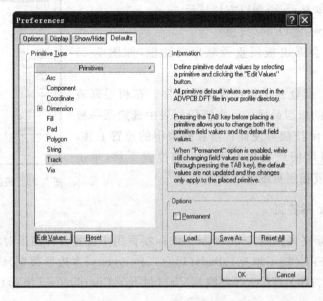

图 7.27 Defaults 标签页

当要修改某个对象属性的默认值时,在 Primitives 列表中进行选择,例如选择 Track(导线),然后单击 Edit Values 按钮,即可弹出如图 7.28 所示的导线默认属性设置对话框,在该对话框中设置导线的默认属性。通常情况下,用户不需要设置此标签页的内容。

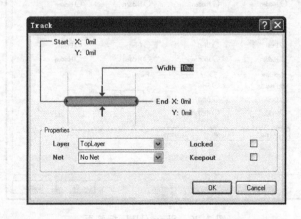

图 7.28 导线默认属性设置对话框

7.5　PCB 设计快速入门

本节以图 7.29 所示的 555 双稳态电路为例,引导读者快速了解其 PCB 设计的基本过程,在此不涉及过多的细节,详细内容在后面章节介绍。

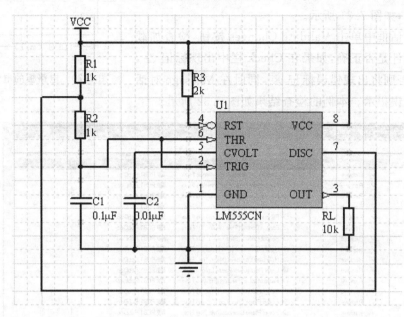

图 7.29　555 双稳态电路

1. 准备原理图,生成网络表

按图 7.29 完成原理图的绘制,在原理图编辑器中执行菜单命令 Design/Netlist For Document/Protel,则系统为原理图生成网络表文件。

2. 规划电路板

(1) 新建一个 PCB 空白文件,执行菜单命令 File/New/PCB,即新建了一个 PCB 文件,文件窗口的黑色区域为电路板的物理尺寸大小。下面在电路板上规划一个电气边框,为的是给自动布局和自动布线限定一个范围。

(2) 设置相对坐标原点

执行菜单命令 Edit/Origin/Set,光标变成十字形,将十字光标移到电路板的合适位置单击,即完成相对坐标原点的设置,此时可以从状态栏中看到该点的坐标为:X:0mil,Y:0mil。

(3) 规划电路板的电气边框

用鼠标在编辑区窗口下方选择 Keep-Out Layer 板层标签,设置当前层为禁止布线层。然后单击实用工具栏上的图标 ,在弹出的绘图工具栏中选择图标 /,光标变成十字形,将十字光标移到坐标原点单击,再移到(1000,0)、(1000,1000)、(0,1000)最后回到(0,0)点,依次单击一次或两次,即规划好了一个 1000mil×1000mil 的电路板电气边框,如图 7.30

所示。

3. 载入网络和元件封装

在 PCB 编辑器中执行菜单命令 Design/Import Changes From ＊. PrjPCB，执行命令后，系统会弹出工程改变对话框，如图 7.31 所示。

在该对话框中单击 Validate Changes 按钮，检查加载的网络和元件是否正确，如果在 Check 栏中出现标记 ✅，表示正确，否则将出现错误标记 ⊗，同时在 Message 对话框中会有错误提示。本例的检查结果如图 7.32 所示。

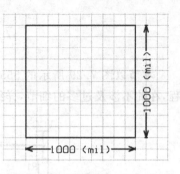

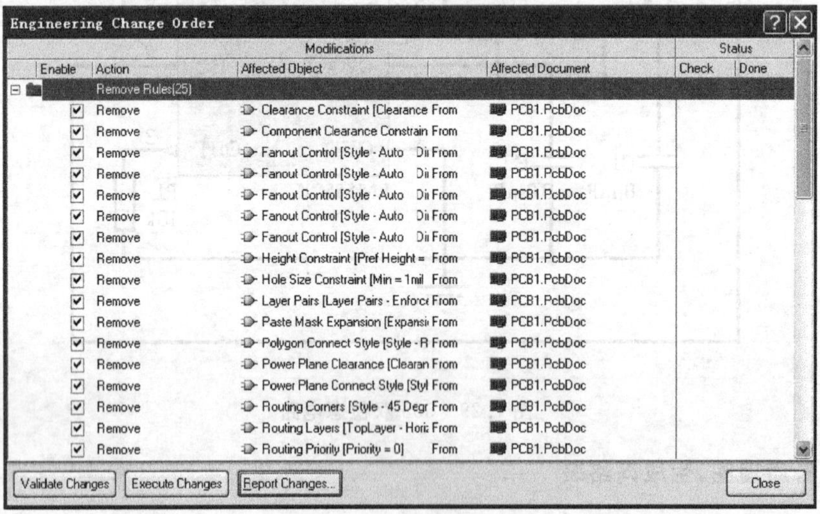

图 7.30　电路板的电气边框

图 7.31　工程改变对话框

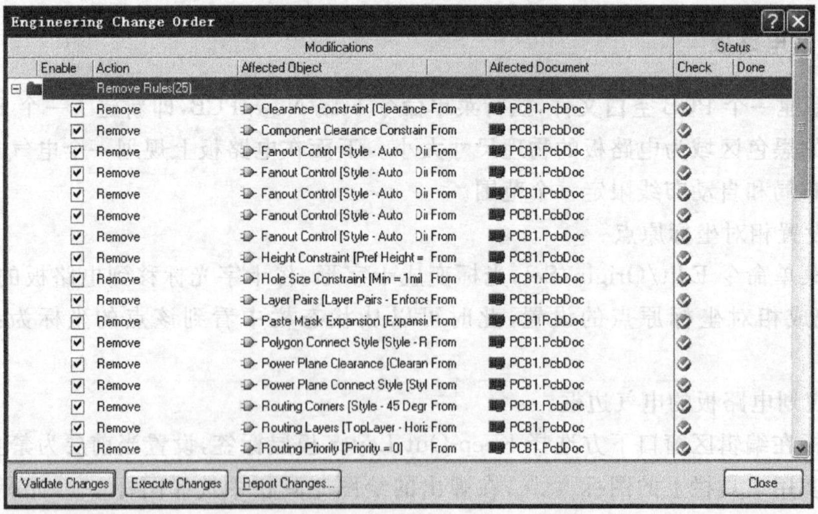

图 7.32　对加载网络和元件的检查结果

在检查结果没有错误的情况下,单击 Execute Changes 按钮就可以将网络和元件封装导入到 PCB 中,如果导入成功,则在 Done 栏中出现标记 ✅ ,否则将出现标记 ⊗ 。此时工程改变对话框如图 7.33 所示。在该对话框中单击 Close 按钮关闭对话框,在电路板上即可看到导入的网络及元件封装,如图 7.34 所示。

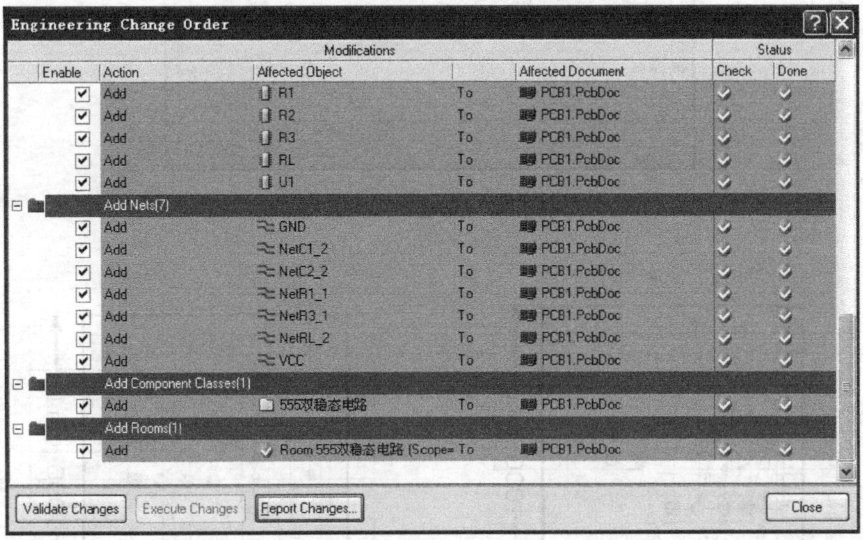

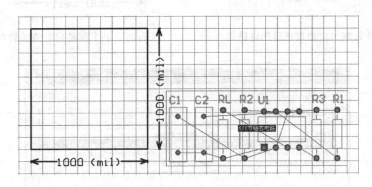

图 7.33 导入网络和元件封装后的工程改变对话框

图 7.34 载入网络和元件封装的 PCB

4. 元件布局

执行菜单命令 Tools/Auto Placement/Auto Placer,系统会弹出自动布局对话框,如图 7.35 所示,该对话框采用默认设置,单击 OK 按钮,系统开始自动布局。自动布局后的电路板如图 7.36 所示。自动布局后,对电路板不满意的地方需要手工调整布局,手工调整后的电路板如图 7.37 所示。

5. 自动布线

执行菜单命令 Auto Route/All,执行命令后会弹出自动布线策略对话框,如图 7.38 所示。单击该对话框中的 Routing Rules 按钮,会弹出布线规则对话框,如图 7.39 所示。

在标准漂亮自动布局时，软件会按照 Cluster Placer 设置以及布局规则和约束

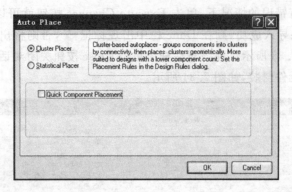

图 7.35　自动布局对话框

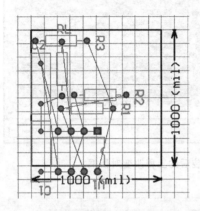

图 7.36　自动布局后的电路板

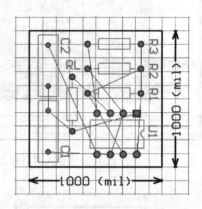

图 7.37　手工调整后电路板的布局

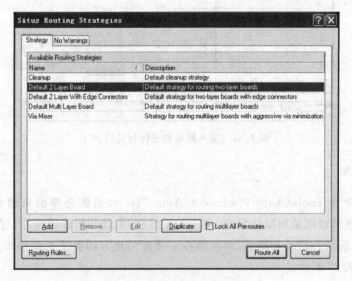

图 7.38　自动布线策略对话框

　　本例中布线规则对话框的内容采用默认设置，单击 Close 按钮回到如图 7.38 所示的对话框，再单击 Route All 按钮，系统开始自动布线，并弹出 Message 对话框，显示当前布线信息。

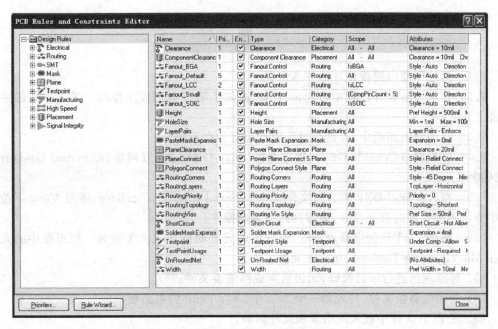

图 7.39 布线规则对话框

关闭 Message 对话框,自动布线后的电路板如图 7.40 所示。

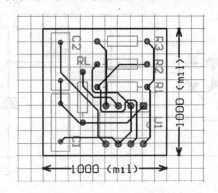

图 7.40 自动布线后的电路板

7.6 小 结

本章介绍了 Protel DXP 电路板设计的一些入门知识,主要有以下几方面内容:

(1) 电路板的基本知识,包括电路板的结构,电路板设计中的工作层,PCB 设计中的基本图件,以及电路板设计的基本流程。

(2) 介绍了 Protel DXP 的电路板编辑器,包括菜单栏和工具栏的介绍,PCB 工作面板的使用,PCB 编辑器中显示画面的管理。

(3) 介绍了 PCB 环境参数的设置,PCB 板层的设置以及系统参数的设置。

(4) 通过 555 双稳态电路的 PCB 设计,引导读者快速了解了 PCB 设计的基本流程。

习 题 7

7.1 简述印制电路板设计的基本流程。

7.2 在电路板设计过程中,Protel DXP 提供了哪些电路板工作层? 各工作层的主要功能是什么?

7.3 在印制电路板中,焊盘与过孔的作用有什么不同?

7.4 可视网格(Visible Grid)、锁定网格(Snap Grid)和电气网格(Electrical Grid)有什么区别?

7.5 打开 Protel DXP 的自带文件 4 Port Serial Interface. pcbdoc,练习 View 下拉菜单中显示画面管理的有关命令,练习画面的移动操作。

7.6 按图 7.41 绘制电路原理图,原理图的元件明细如表 7.1 所列。原理图中的元件均在 Miscellaneous Devices. IntLib 元件库中。

(1) 对原理图进行项目编译,无误后生成网络表文件;

(2) 新建电路板文件,并规划一个 3000mil×2500mil 的电路板;

(3) 在 PCB 文件中载入网络表和元件封装;

(4) 自动布局并手工调整布局;

(5) 对电路板上的元件进行自动布线。

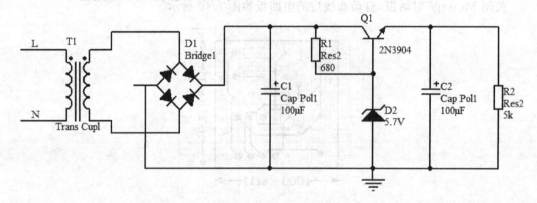

图 7.41 习题 7.6 电路

表 7.1 图 7.41原理图元件明细

序 号	元件名称 Library Ref	元件标号 Designator	元件注释 Comment	元件值 Value
1	Res2	R1	Res2	680Ω
2	Res2	R2	Res2	5kΩ
3	Cap pol1	C1	Cap pol1	100μF
4	Cap pol1	C2	Cap pol1	100μF
5	2N3904	Q1	2N3904	—
6	Bridge1	D1	Bridge1	—
7	D Zener	D2	5.7V	—
8	Trans Cupl	T1	Trans Cupl	—

第8章

印制电路板的设计

本章学习目标

- 掌握电路板的规划以及载入网络和元件封装的方法；
- 了解 PCB 设计规则的设置方法；
- 掌握 PCB 的布局方法，包括自动布局和手工布局；
- 掌握 PCB 的布线方法，包括自动布线和手工布线；
- 掌握 PCB 设计的后期处理，包括多边形覆铜、包地和补泪滴的方法；
- 了解 PCB 的设计规则检查、各种报表文件的生成和电路板输出的方法。

第 7 章介绍了 PCB 设计的基础知识，并通过实例介绍了 PCB 设计的基本流程。本章将对 PCB 的设计进行详细介绍，包括电路板的规划，载入网络和元件封装的方法，PCB 设计规则的设置方法，PCB 布局和布线操作，PCB 设计的后期处理，设计规则检查，报表生成和 PCB 输出的方法。

8.1 规划电路板

进行 PCB 设计的第一步就是规划电路板。规划电路板包括定义电路板的机械边框和电气边框等信息。

电路板的机械边框是指电路板的物理外形和尺寸，需要根据电路板的安放位置及元件数目等条件进行规定。电气边框是指进行自动布局和布线时电路板上元件及导线所限制的区域。电气边框定义在禁止布线层(Keep-Out Layer)上。

规划电路板有两种方法：一种是手工规划电路板边框，包括机械边框和电气边框；另一种方法是利用向导创建 PCB 文件。

8.1.1 手工规划电路板

一般情况下，规划电路板都是用户自定义板框，采用手工绘制，边框的形状可以是矩形也可以是不规则的多边形。规划电路板包括规划电路板的机械边框和电气边框，机械边框是指电路板的物理边界,即实际尺寸的大小和形状;电气边框是指电路板在自动布局和自动布线时所限定的范围。

下面手工规划一个矩形电路板框,板框大小为 2000mil×1500mil。操作步骤如下。

1. 新建一个 PCB 文档

执行菜单命令 File/New/PCB,即新建了一个空白的 PCB 文件,默认文件名为 PCB1. PcbDoc。

2. 设置相对坐标原点

相对坐标原点是设计人员自己定义的一个坐标原点,定义了相对坐标原点后,状态栏中显示的坐标值就是以此原点的状态来确定的。

执行菜单命令 Edit/Origin/Set,或者单击绘图工具栏上的图标 ⊗ ,执行命令后光标变成十字形,将十字光标放到合适的位置单击鼠标左键,就确定了一个相对坐标原点,此时状态栏的显示变成 X:0mil,Y:0mil。

3. 规划电路板的机械边框

新建一个空白的 PCB 文件后,电路板边框的默认尺寸为 4000mil×6000mil,不一定符合设计者的实际需要,因此,需要重新定义电路板边框。与电路板边界设置有关的命令都集中在菜单项 Design 下面的 Board Shape 子菜单中,如图 8.1 所示。Board Shape 子菜单中的命令含义如下:

- Redefine Board Shape 重新定义电路板外形。
- Move Board Vertices 移动电路板外形顶点。
- Move Board Shape 移动电路板外形。
- Define from selected objects 根据电路板上选中的对象定义电路板外形。
- Auto-Position Sheet 自动定位图纸。

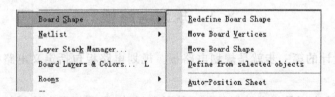

图 8.1 Design/Board Shape 子菜单

执行菜单命令 Design/Board Shape/Redefine Board Shape 后,PCB 区域变成绿色,光标变成十字形,将十字光标移到坐标(0,0)处,单击鼠标,然后继续移动鼠标至(2000,0)、(2000,1500)、(0,1500)处各单击一次鼠标,即可完成电路板机械边框的绘制,单击右键退出绘制操作。

如果在绘制电路板边框的过程中,鼠标难以准确定位,可以通过 View/Grids/Set Snap Grid 命令重新设定锁定网格的大小(例如设定为 50mil)。本例中的电路板是一个长方形,如果电路板为其他形状的不规则多边形,可以通过 Board Shape 子菜单中的 Move Board

Vertices 命令进行修改。

4．规划电路板的电气边框

电路板的电气边框用来限定元件的自动布局和自动布线的范围,只有设定了电气边框,才能进行自动布局和自动布线操作。电气边框是通过在禁止布线层(Keep-Out Layer)绘制直线来实现的。

规划电气边框前,首先将 Keep-Out Layer(禁止布线层)设置为当前工作层,如图 8.2 所示。然后通过画直线命令 Place/Line 或绘图工具栏上的图标 ╱ ,完成电气边框的绘制。电气边框可以与机械边框的大小相同,也可以略小于机械边框,本例绘制的电气边框与机械边框大小相同。手工规划好的电路板如图 8.3 所示。

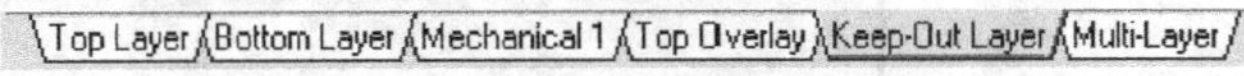

\Top Layer /Bottom Layer /Mechanical 1 /Top Overlay /Keep-Out Layer /Multi-Layer/

图 8.2　设置 Keep-Out Layer 层为当前层

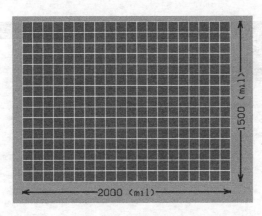

图 8.3　手工规划的电路板

8.1.2　使用向导创建 PCB 文件

使用向导创建 PCB 文件是在建立文件的过程中对 PCB 进行规划,使用这种方法规划电路板,既可以选择各种工业标准板的轮廓,又可以自定义电路板的尺寸和形状。下面通过向导创建一个边框为 3000mil×2000mil 的电路板,具体操作步骤如下:

(1) 在 Files 工作面板底部的 New from template 区域选择 PCB Board Wizard 命令,如图 8.4 所示。这时系统会弹出 PCB 向导首页,如图 8.5 所示。

(2) 单击 PCB 向导首页中的 Next 按钮,进入 PCB 向导第二页,即选择度量单位对话框,如图 8.6 所示。对话框共列出了两种度量单位:Imperial(英制)和 Metric(公制),这里选择英制单位。

(3) 单击如图 8.6 所示的对话框中的 Next 按钮,进入到选择电路板轮廓对话框,如图 8.7 所示。该对话框左边区域列出了多种工业标准板的轮廓类型及尺寸,用鼠标选中某种模板后,在右边区域可以对该模板进行浏览。这里选择 Custom(自定义模式)。

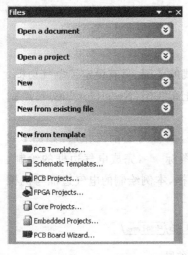

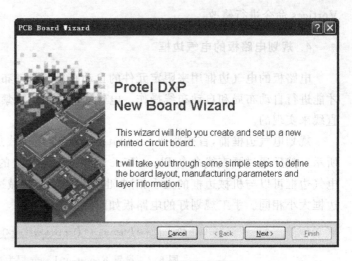

图 8.4　File工作面板　　　　　　　　　　图 8.5　PCB 向导首页

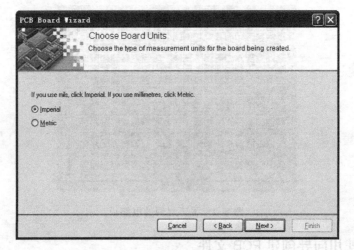

图 8.6　选择度量单位对话框

　　(4) 单击如图 8.7 所示对话框中的 Next 按钮,进入到自定义 PCB 信息对话框,如图 8.8 所示。该对话框的具体设置如下:

- Outline Shape　选择电路板的轮廓形状,共有 3 种选择:Rectangular(矩形)、Circular(圆形)和 Custom(自定义形状)。这里选择矩形 PCB 板。
- Board Size　设置电路板的尺寸,可以在 Width(宽度)和 Height(高度)两个栏中设置,具体设置如图 8.8 所示。
- Dimension Layer　设置尺寸标注所在板层,这里采用默认值。
- Boundary Track Width　设置边界线宽度。
- Dimension Line Width　设置尺寸标注线的宽度。
- Keep Out Distance From Board Edge　设置电气边框与机械边框之间的距离。通常电气边框略小于机械边框,这样可以使电路板在边缘损坏的情况下仍能保持正常的电气连接。

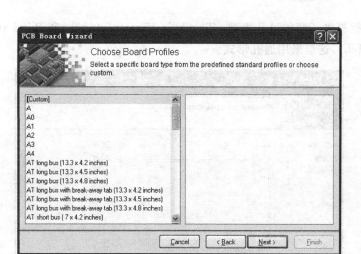

图 8.7 选择电路板轮廓对话框

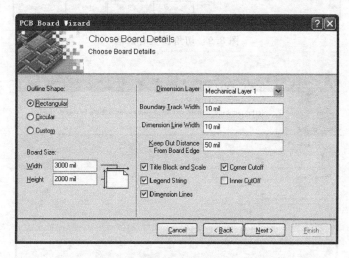

图 8.8 自定义 PCB 信息对话框

- Title Block and Scale 设置是否显示标题栏和标尺。
- Legend String 设置是否显示说明字符串。
- Dimension Lines 设置是否显示尺寸标注线。
- Corner Cutoff 设置电路板是否需要四周切角,这里选中该项。
- Inner Cutoff 设置电路板是否需要内部切块。

(5) 单击如图 8.8 所示的对话框中的 Next 按钮,进入到电路板切角设置对话框,如图 8.9 所示。在该对话框中可以设置电路板四周切角的大小,直接将鼠标放到需要修改的数字上,输入数字即可,这里设置切角宽度为 200mil。

(6) 单击如图 8.9 所示的对话框中的 Next 按钮,进入到 PCB 板层设置对话框,如图 8.10 所示。该对话框用于设置信号层和内部电源层的层数,这里把信号层和内部电源层都设置为两层。

(7) 单击如图 8.10 所示的对话框中的 Next 按钮,进入到选择过孔类型对话框,如图 8.11

所示。该对话框提供了两种过孔类型：Thruhole Vias only(通孔)和 Blind and Buried Vias only(盲孔和埋孔)，这里采用通孔形式。

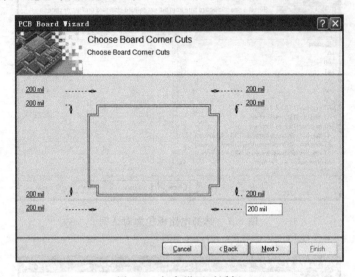

图 8.9　切角设置对话框

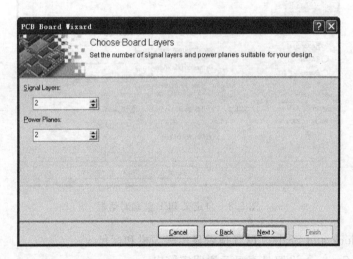

图 8.10　PCB板层设置对话框

（8）单击如图 8.11 所示的对话框中的 Next 按钮，进入到 PCB 元件设置对话框，如图 8.12 所示。该对话框包括以下两项设置：

- The board has mostly　用来选择电路板上哪一种元件居多，是表面贴装元件(Surface-mount components)居多还是通孔直插式元件(Through-hole components)居多。
- Do you put components on both sides of the board? 是否在电路板的两面都放置元件，如果在电路板两面都放置元件，则选择 Yes；如果只在电路板的一面放置元件，则选择 No。

（9）单击如图 8.12 所示的对话框中的 Next 按钮，进入到 PCB 电气最小尺寸设置对话框，如图 8.13 所示。该对话框可以进行如下 4 项设置：

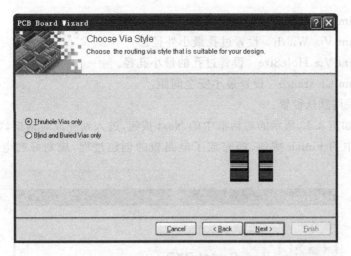

图 8.11 选择过孔类型对话框

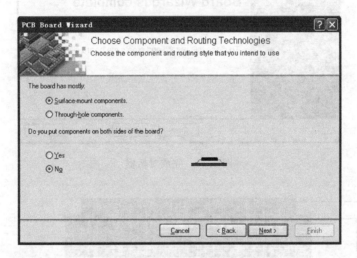

图 8.12 PCB 元件设置对话框

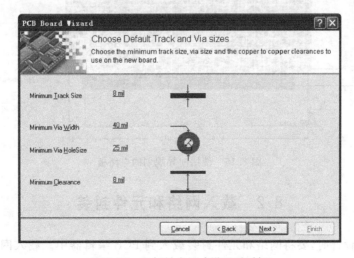

图 8.13 电气最小尺寸设置对话框

- Minimum Track Size   设置导线最小宽度。
- Minimum Via Width   设置过孔最小外径。
- Minimum Via HoleSize   设置过孔的最小孔径。
- Minimum Clearance   设置最小安全间距。

这里全部采用默认设置。

（10）单击如图 8.13 所示的对话框中的 Next 按钮,进入到完成对话框,如图 8.14 所示。单击该对话框中的 Finish 按钮,即完成了电路板的创建过程,规划好的电路板如图 8.15 所示。

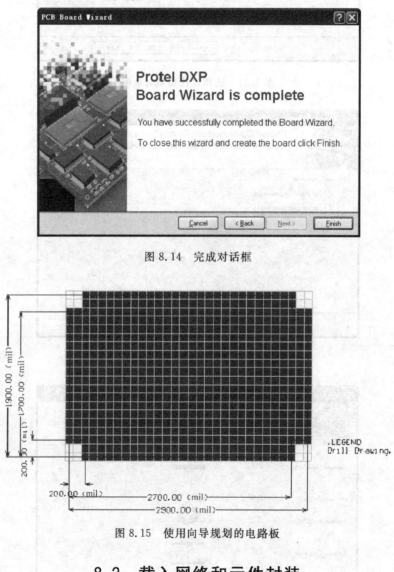

图 8.14 完成对话框

图 8.15 使用向导规划的电路板

8.2 载入网络和元件封装

进行 PCB 设计时,要将网络和元件封装载入到 PCB 编辑器中。载入网络和元件封装的方法有两种,一种是使用网络表文件载入网络和元件封装,另一种是使用设计同步器载入网络和元件封装,下面分别介绍这两种方法。

8.2.1 使用网络表文件载入网络和元件封装

下面以图 8.16 所示的模拟放大电路为例,介绍使用网络表文件载入网络和元件封装的方法。

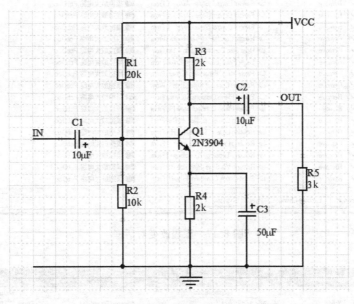

图 8.16 模拟放大电路

按图 8.16 完成原理图的绘制,在原理图编辑器中执行菜单命令 Design/Netlist For Document/Protel,则系统为原理图生成了扩展名为 .Net 的网络表文件。生成的网络表文件自动存放在该设计项目 Generated 文件夹下的 Protel Netlist Files 文件夹中。

新建一个电路板文件,并将该 PCB 文件保存在原理图所在的设计项目中。规划电路板的机械边框和电气边框为 2000mil×2000mil。在 PCB 编辑器中执行菜单命令:Design/Import Changes From ∗.PrjPCB,执行命令后,系统会弹出工程改变对话框,如图 8.17 所示。该对话框列出了更新的详细信息,包括此次更新引起的操作(Action)、影响到的对象(Affected Object)和影响到的文件(Affected Document)。

单击如图 8.17 所示的对话框中的 Validate Changes 按钮,系统开始检查加载的网络和元件封装是否正确,如果在 Check 栏出现标记 ✅,表示正确。在检查无误的情况下,单击 Execute Changes 按钮就可以将网络和元件封装导入到 PCB 中,如果导入成功,则在 Done 栏出现标记 ✅。执行后的工程改变对话框如图 8.18 所示,此时网络和元件封装已经导入到 PCB 中。单击如图 8.18 所示的对话框中的 Close 按钮,关闭工程改变对话框,此时可以看到载入网络和元件封装的电路板,如图 8.19 所示。

从图 8.19 可以看到,所有的元件都集中在一个 Room 区内,移动 Room 可以使 Room 区内的元件一起移动。在层次原理图设计中,每一张图纸中的元件对应一个 Room,并且每一个 Room 可以设置统一的规则(Rule),便于电路的模块化设计。也可以通过 Edit/Delete

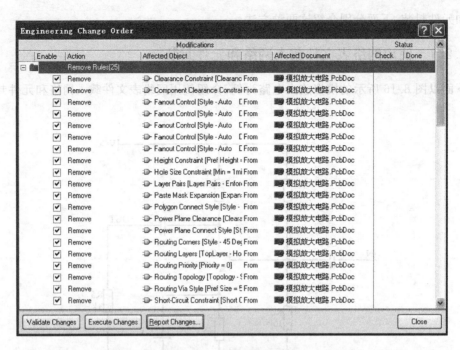

图 8.17　工程改变对话框

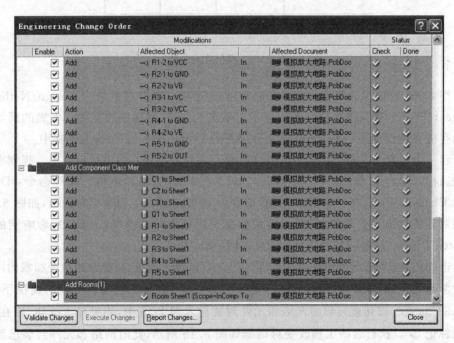

图 8.18　执行后的工程改变对话框

命令将 Room 删除。

如果要查看更加详细的资料,可以单击图 8.18 中的 Report Changes 按钮,系统会弹出报告预览对话框,如图 8.20 所示。

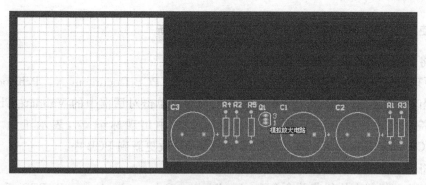

图 8.19 载入网络和元件封装的电路板

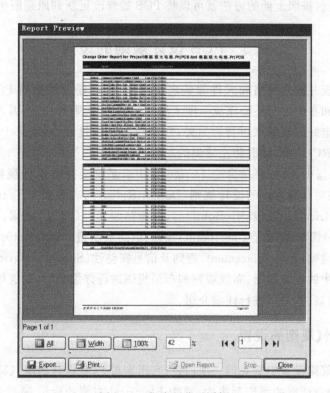

图 8.20 报告预览对话框

8.2.2 设计同步器的使用

使用设计同步器也可以将网络和元件封装载入到 PCB 中。Protel DXP 的设计同步器不仅可以很方便地将原理图设计信息传递给 PCB,同时,它还能在设计过程中对原理图和 PCB 中任意一方的修改进行更新并使二者保持同步。

1. 使用设计同步器载入网络和元件封装

首先新建 PCB 文件,然后规划好电路板边框。在原理图编辑器中,执行菜单命令: Design/Update PCB Document ＊.PcbDoc,执行命令后系统也会弹出如图 8.17 所示的工程改变对话框,后面的操作与 8.2.1 节内容相同,不再赘述。

2. 使用设计同步器完成原理图与 PCB 之间的更新

1) 将原理图的修改更新到 PCB 中

在原理图编辑器中执行菜单命令 Design/Update PCB Document ＊.PcbDoc,系统将弹出工程改变对话框,对话框中列出了修改的内容。单击对话框中的 Validate Changes 按钮,系统检查修改内容是否正确,如果在 Check 栏中出现标记 ✅,表示正确。再单击 Execute Changes 按钮就可以将原理图编辑器中的修改更新到 PCB 中。

2) 将 PCB 中的修改更新到原理图中

在 PCB 编辑器中执行菜单命令 Design/Update Schematics in ＊.PrjPCB,系统仍会弹出工程改变对话框,按照上面的方法就可以将 PCB 的修改更新到原理图中。

8.3　PCB 设计规则的设置

规划好电路板并载入网络和元件封装之后,接下来的任务就是对 PCB 进行布局和布线。但是在布局和布线之前还要完成一项工作,就是设计规则的设置,因为布局和布线工作都要依照这些设定好的规则来进行。另外,在布局和布线过程中,Protel DXP 还具有在线设计规则检查(DRC)功能,随时防止错误的发生。

在 PCB 编辑器中,执行菜单命令 Design/Rules,系统会弹出设计规则设置对话框,如图 8.21 所示。该对话框左边的设计规则(Design Rules)列表中列出了 10 种规则类型,包括电气规则(Electrical)、布线规则(Routing)、表面贴装元件(SMT)规则、阻焊层(Mask)规则、电源层(Plane)规则、测试点(Testpoint)规则、电路板制造(Manufacturing)规则、高频电路(High Speed)规则、布局(Placement)规则及信号完整性(Signal Integrity)规则。

本节将对其中的电气规则、布线规则和布局规则进行详细介绍,其他规则一般可采用系统默认值,限于篇幅,本书不进行详细介绍。

8.3.1　电气规则的设置

电气规则是规则设置中重要的一项内容,它用来对 PCB 设计的电气特性进行设置。在如图 8.21 所示的对话框的规则列表中,单击 Electrical 左侧的标记 ⊞,可以展开电气规则的详细列表,如图 8.22 所示。电气规则中包括: Clearance(间距约束规则)、Short-Circuit(短路规则)、Un-Routed Net(未连接的网络规则)和 Un-Routed Pin(未连接的引脚规则)4种规则。

在某一项规则上右击,会弹出一个快捷菜单,菜单的内容包括对该项规则的一些基本操作,包括 New Rule(新建规则)、Delete Rule(删除规则)、Report(产生规则报告文件)、Export Rules(导出规则)和 Import Rules(导入规则)5 个选项。

在电气规则下面的 Clearance,Short-Circuit,Un-Routed Net,Un-Routed Pin 上,分别单击鼠标右键,在弹出的快捷菜单中选择 New Rule,即对电气规则下的 4 项规则完成了新规则的添加,添加新规则后在该项规则的左侧出现标记 ⊞,单击标记 ⊞ 可以展开该项规则,如图 8.22 所示。

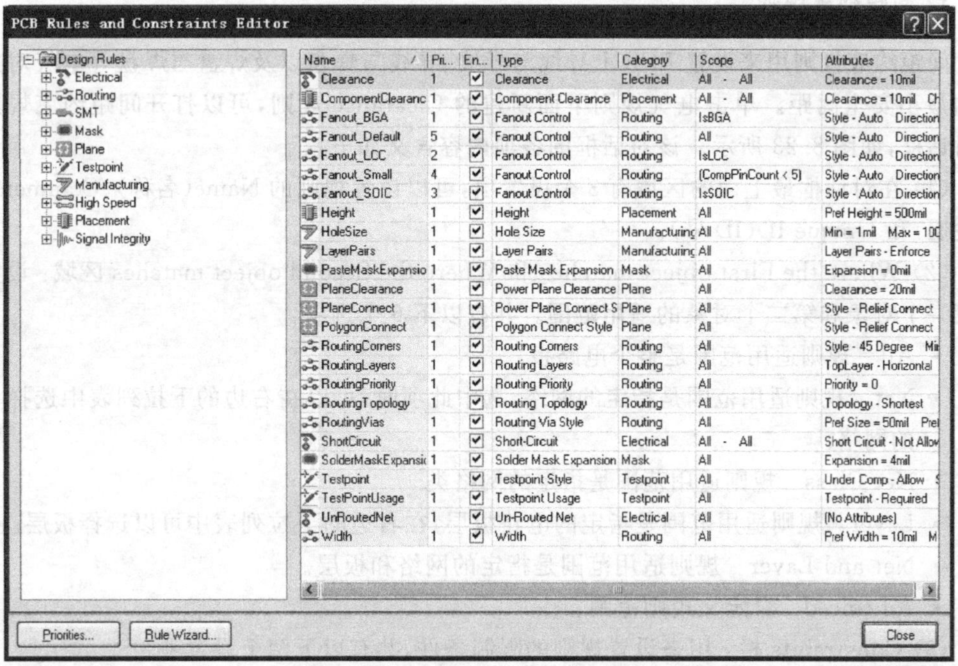

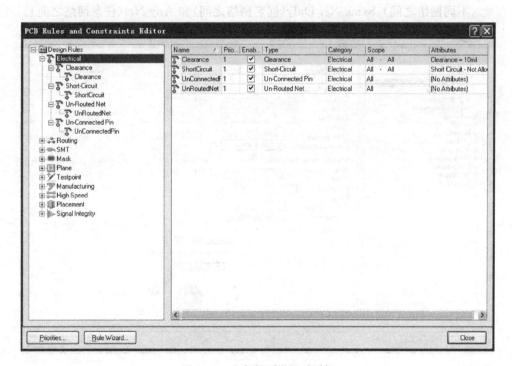

图 8.21 设计规则设置对话框

图 8.22 电气规则设置对话框

1. 间距约束规则

间距约束规则用来设置 PCB 上导线与导线、导线与焊盘以及焊盘与焊盘等电气对象之间的最小安全间距。单击电气规则下面新建的 Clearance 规则，可以打开间距约束规则设置对话框，如图 8.23 所示。该对话框的各项内容含义如下：

(1) 在对话框最上面的区域有 3 个设置项，可以设置规则的 Name(名称)、Comment(注释说明)和 Unique ID(ID 号)。

(2) Where the First object matches 和 Where the Second object matches 区域：设置规则第一个对象和第二个对象的适用范围。共有以下 6 个选项：

- All   规则适用范围是整个电路板。
- Net   规则适用范围是指定的网络，选中此项时，可以在右边的下拉列表中选择具体的网络。
- Net Class   规则适用范围是指定的网络类。
- Layer   规则适用范围是指定的电路板层，在右边的下拉列表中可以选择板层。
- Net and Layer   规则适用范围是指定的网络和板层。
- Advanced   自定义规则范围。

(3) Constraints 栏：用来设置规则的限制条件，共有以下两个设置项：

- Minimum Clearance   设置最小安全间距的具体数值。
- 下拉列表中可以选择最小安全间距的应用范围，共有 3 个选项：Different Nets Only(不同网络之间)、Same Net Only(同名网络之间)和 Any Net(任意网络之间)。

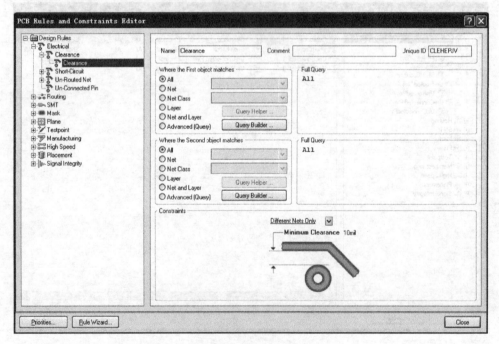

图 8.23　间距约束规则设置对话框

2. 短路规则

短路规则用来设置是否允许 PCB 中的某两个图件短路。短路规则设置对话框如图 8.24 所示，该对话框的大部分内容与间距约束规则设置相同。

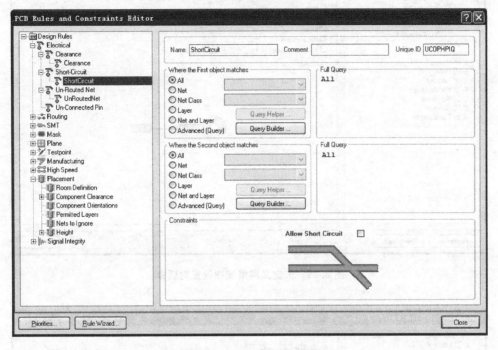

图 8.24　短路规则设置对话框

Constraints 栏中的复选框 Allow Short Circuit 用来设置是否允许 Where the First object matches 和 Where the Second object matches 中设置的对象短路。

3. 未定义网络规则

未定义的网络规则用来检查 PCB 中的网络布线是否成功，其规则设置对话框如图 8.25 所示。其中 Where the First object matches 区域用来设置规则应用范围，如果网络中存在不成功的布线，则该网络中已经布好的导线将保留，不成功的布线将保持飞线。

4. 未定义引脚规则

未定义的引脚规则用来检查 PCB 中的元件焊盘是否连线成功。未定义的引脚规则设置对话框如图 8.26 所示。在该对话框中可以设置规则的适用范围等内容。

8.3.2　布线规则的设置

布线规则用来设置 PCB 设计过程中与布线有关的一些规则，它是规则设置中最重要的部分。布线规则设置对话框如图 8.27 所示，可以看出，它包括 Width（导线宽度规则）、Routing Topology（布线拓扑规则）、Routing Priority（布线优先级规则）、Routing Layers（布

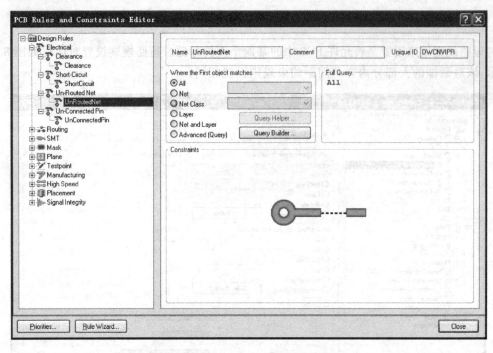

图 8.25　未定义网络规则设置对话框

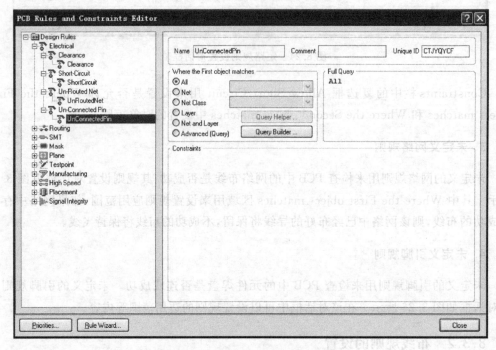

图 8.26　未定义引脚规则设置对话框

线层规则)、Routing Corners(布线拐角规则)、Routing Via Style(布线过孔类型规则)和
Fanout Control(布线扇出控制规则),下面分别介绍这些规则。

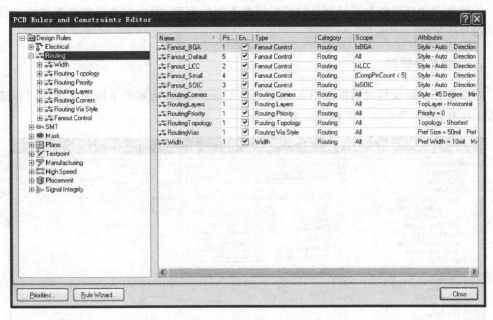

图 8.27　布线规则设置对话框

1. 导线宽度规则

导线宽度规则用来设置导线的宽度，包括最大、最小和推荐宽度，其规则设置对话框如图 8.28 所示。其中 Constraints 区域主要用来设置对导线宽度的约束，Min Width 栏设置导线宽度允许的最小值，Preferred Width 栏设置导线宽度的典型值，Max Width 栏设置导线宽度允许的最大值。其他区域的设置与前面介绍的相同。

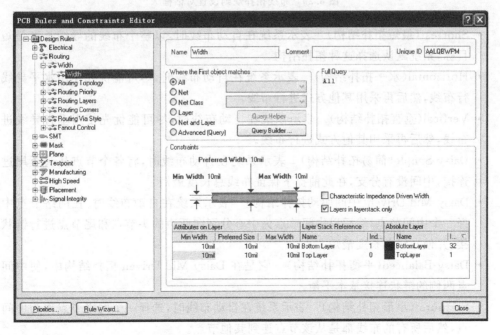

图 8.28　导线宽度规则设置对话框

导线宽度规则可以对不同网络的导线设置不同的宽度,例如对地线和电源线可以设置不同的导线宽度。

2. 布线拓扑规则

布线拓扑规则设置对话框如图 8.29 所示。Constraints 区域的下拉列表框中可以选择布线的拓扑结构,共有以下 7 种布线拓扑结构。

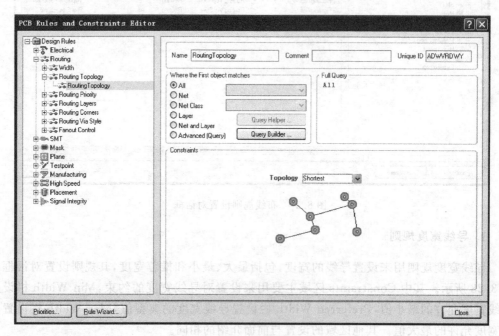

图 8.29 布线拓扑规则设置对话框

- Shortest(最短拓扑结构) 表示系统在自动布线时,以整个布线的导线长度最短为目标,系统默认选择这种拓扑结构。
- Horizontal(水平拓扑结构) 表示系统在自动布线时,尽可能优先使用水平导线进行布线,然后再采用其他方式进行布线。
- Vertical(垂直拓扑结构) 表示系统在自动布线时,尽可能优先使用垂直导线进行布线,然后再采用其他方式进行布线。
- Daisy-Simple(简易拓扑结构) 表示系统在自动布线时,将各个节点从头至尾进行连接,中间没有分支,在此前提下保证布线总长度最短。
- Daisy-Mid Driven(中间驱动拓扑结构) 表示系统在自动布线时,在网络节点中选择一个中间节点,然后以中间节点为中心分别向两边的头节点和尾节点进行链状连接,并使布线总长度最短。
- Daisy-Balanced(平衡拓扑结构) 它是在 Daisy-Mid Driven 拓扑结构中,使中间节点两侧的链状连接基本平衡。
- Starburst(星形拓扑结构) 表示系统在自动布线时,选择一个网络节点作为中间节点,然后所有的布线都是从该节点连到其他节点。

以上 7 种布线拓扑结构如图 8.30 所示。

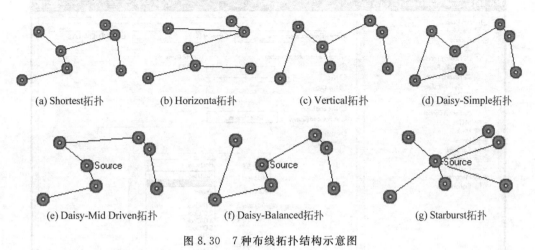

(a) Shortest拓扑　　　(b) Horizonta拓扑　　　(c) Vertical拓扑　　　(d) Daisy-Simple拓扑

(e) Daisy-Mid Driven拓扑　　　(f) Daisy-Balanced拓扑　　　(g) Starburst拓扑

图 8.30　7 种布线拓扑结构示意图

3．布线优先级规则

布线优先级规则设置布线的优先次序,其规则设置对话框如图 8.31 所示。先布线网络的优先级比后布线网络的优先级高,Protel DXP 提供了"0~100"的优先级别设定,0 的优先级最低,100 的优先级最高。通常可以将一些比较重要的网络设置为较高的优先级,如时钟电路和电源电路等。

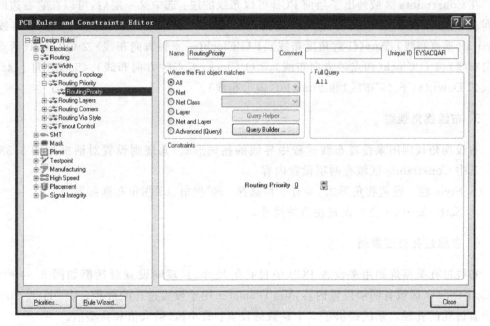

图 8.31　布线优先级规则设置对话框

4．布线层规则

布线层规则用来设置在自动布线过程中哪些信号层可以使用,其规则设置对话框如图 8.32 所示。

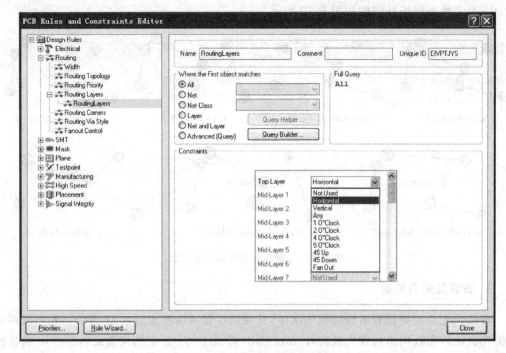

图 8.32 布线层规则设置对话框

在 Constraints 区域列出了当前 PCB 可以布线的层：选中某一层后，可以在它右边的下拉列表中选择在该层布线的形式。包括 Not Used（不布线）、Horizontal（水平布线）、Vertical（垂直布线）、Any（任意角度布线）、1 O'Clock（一点钟方向布线）、2 O'Clock（两点钟方向布线）、4 O'Clock（四点钟方向布线）、5 O'Clock（五点钟方向布线）、45 Up（向上 45°布线）、45 Down（向下 45°布线）和 Fun Out（扇形布线）。

5. 布线拐角规则

布线拐角规则用来设置布线过程中导线的拐角形式，其规则设置对话框如图 8.33 所示。其中 Constraints 区域有两项设置内容。

- Style 栏　设置拐角形式，共有 3 种选择：90°拐角、45°拐角和圆弧形。
- Setback…to…栏　设置拐角的尺寸。

6. 布线过孔类型规则

布线过孔类型规则用来设置 PCB 中过孔的尺寸，其规则设置对话框如图 8.34 所示。在 Constraints 区域有两项设置内容，Via Diameter 用于设置过孔的外径；Via Hole Size 用于设置过孔的孔径。系统提供了 3 个参数的设置：最小值、最大值和典型值。

7. 布线扇出控制规则

布线扇出控制规则用来设置表面贴装元件在自动布线过程中，从焊盘引出连线通过过孔连接到其他工作层时的布线控制。其规则设置对话框如图 8.35 所示。其中 Constraints 区域的设置内容如下：

- Fanout Style　设置扇出类型,下拉列表中有 5 个选项:Auto(自动扇出形式)、Inline Rows(同轴排列形式)、Staggered Rows(交错排列形式)、BGA(球栅阵列形式)和 Under Pads(焊盘下方扇出形式)。

- Fanout Direction　设置扇出方向,下拉列表中有 6 个选项:Disable(不采用任何扇

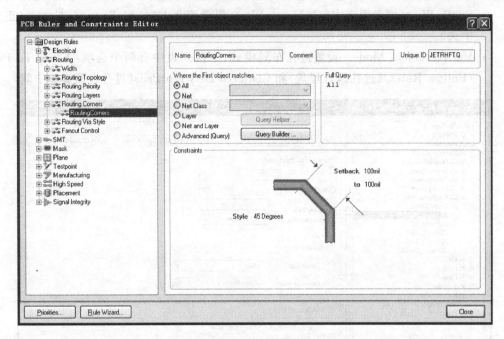

图 8.33　布线拐角规则设置对话框

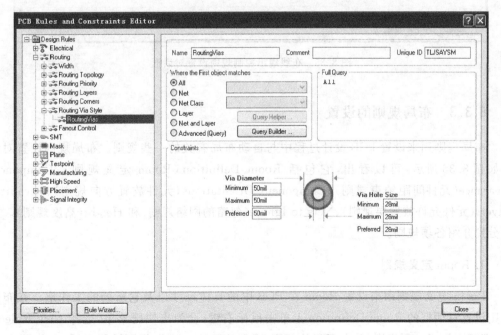

图 8.34　布线过孔类型规则设置对话框

出方向)、In Only(进入方向)、Out Only(输出方向)、In Then Out(先进后出)、Out Then In(先出后进)和 Alternating In and Out(交互式进出)。

- Direction From Pad　依据焊盘设定方向,下拉列表中有 6 个选项:Away From Center(偏离焊盘中央)、North-East(焊盘东北方向)、South-East(焊盘东南方向)、South-West(焊盘西南方向)、North-West(焊盘西北方向)和 Towards Center(正对中央)。

- Via Placement Mode　设置过孔布局模式,下拉列表中有两个选项:Close To Pad (Follow Rules)(过孔靠近焊盘)和 Centered Between Pads(过孔在两焊盘中间)。

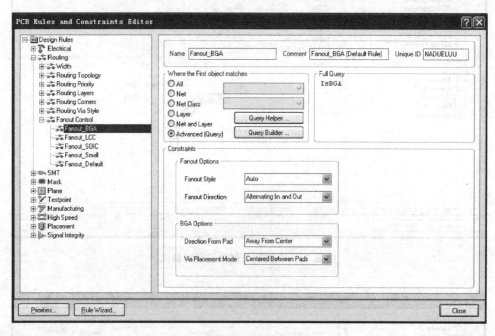

图 8.35　布线扇出控制规则设置对话框

8.3.3　布局规则的设置

布局规则用来设置 PCB 设计过程中与自动布局有关的一些规则。布局规则设置对话框如图 8.36 所示,可以看出,它包括 Room Definition(Room 定义规则)、Component Clearance(元件间距约束规则)、Component Orientations(元件放置方向规则)、Permitted Layers(元件允许放置层规则)、Nets to Ignore(忽略的网络规则)和 Height(高度规则)。下面分别介绍各项规则。

1. Room 定义规则

Room 定义规则用来设置 Room 在 PCB 中的具体尺寸以及它所处的工作层。在布局规则设置对话框的 Room Definition 上单击鼠标右键,会弹出快捷菜单,选择 New Rule 命令,即新添加了一项规则,单击新建的规则,会弹出 Room 定义规则设置对话框,如图 8.37 所示。对话框中 Constraints 区域的设置内容如下:

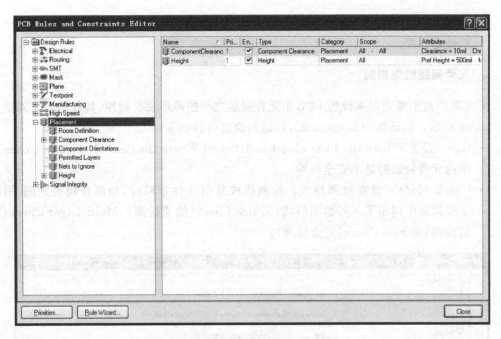

图 8.36 布局规则设置对话框

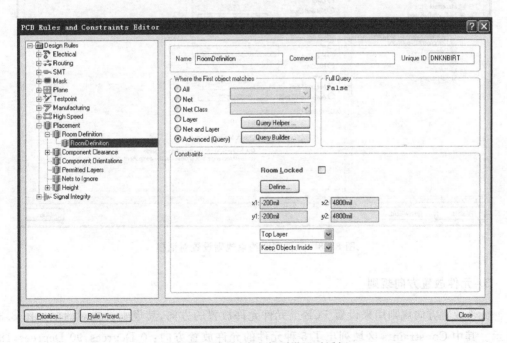

图 8.37 Room 定义规则设置对话框

- Room Locked 设置 Room 是否为锁定状态。
- Define 按钮：单击该按钮，系统自动切换到当前的 PCB 中，可以直接用鼠标定义 Room 的大小和形状等。
- x1, x2, y1, y2 设置 Room 区域的坐标。
- 下拉列表 Top Layer 或者 Bottom Layer 设置 Room 区域所在的工作层。

- 下拉列表 Keep Objects Inside 或者 Keep Objects Outside 设置元件位于 Room 内部还是外部。

2. 元件间距约束规则

元件间距约束规则用来设置 PCB 中元件封装之间的最小安全间距，其规则设置对话框如图 8.38 所示。对话框中 Constraints 区域的设置内容如下：

- Gap 设置 Where the First object matches 和 Where the Second object matches 范围内元件封装的最小安全间距。
- Check Mode 设置检测模式。检测模式是指元件布局时，检测布局规则的手段。下拉列表中列出了 3 种检测模式：Quick Check(快速检测)、Multi Layer Check(多层检测)和 Full Check(完全检测)。

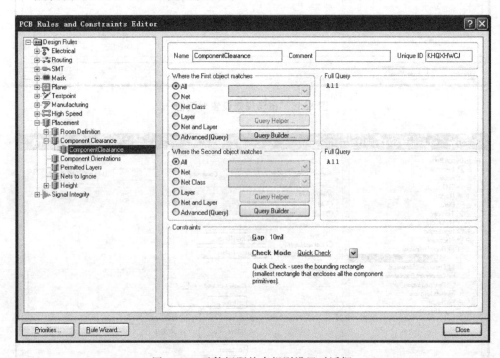

图 8.38　元件间距约束规则设置对话框

3. 元件放置方向规则

元件放置方向规则用来设置 PCB 上元件允许放置的方向，其规则设置对话框如图 8.39 所示。其中 Constraints 区域列出了 5 种元件的允许放置方向：0 Degrees，90 Degrees，180 Degrees，270Degrees，All Orientations(任意方向)，可以多选。

4. 元件允许放置层规则

元件允许放置层规则用来指定元件允许放置的工作层，其规则设置对话框如图 8.40 所示。Constraints 区域列出了两个选择 Top Layer(顶层)和 Bottom Layer(底层)，因此可以设置在哪一层放置元件或两层都放置元件。

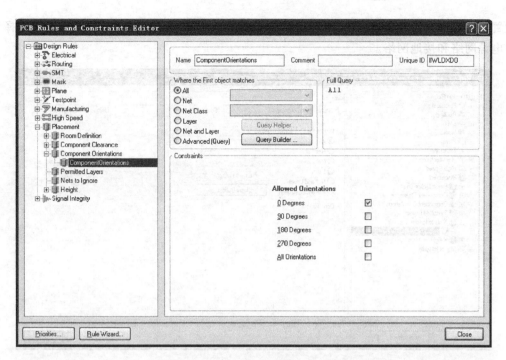

图 8.39　元件放置方向规则设置对话框

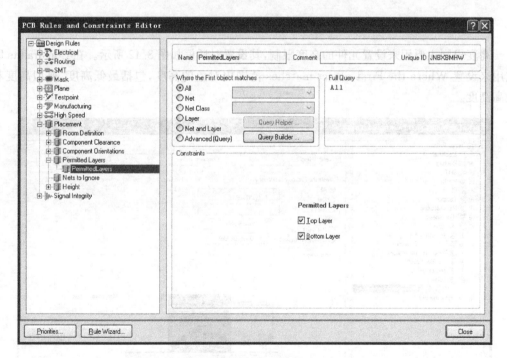

图 8.40　元件允许放置层规则设置对话框

5．忽略的网络规则

忽略的网络规则用于设置元件进行自动布局时,可以忽略哪些网络,其规则设置对话框如图 8.41 所示。忽略网络可以加快自动布局的速度和提高布局质量。在忽略的网络规则

　　设置对话框中只需设置规则的适用范围,在采用内部电源、接地板层的情况下,通常选择忽略电源网络和接地网络。

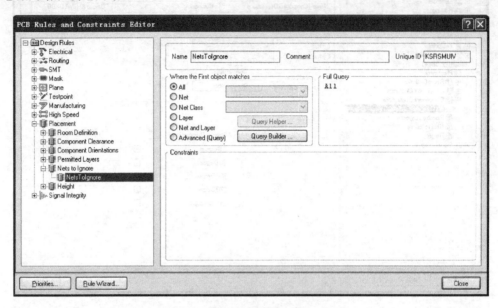

图 8.41　忽略的网络规则设置对话框

6. 高度规则

　　高度规则主要用来设置元件的高度限制,其设置对话框如图 8.42 所示。在 Constraints 区域用来设置 Where the First object matches 范围内对象的高度,包括最低高度、典型高度和最高高度。

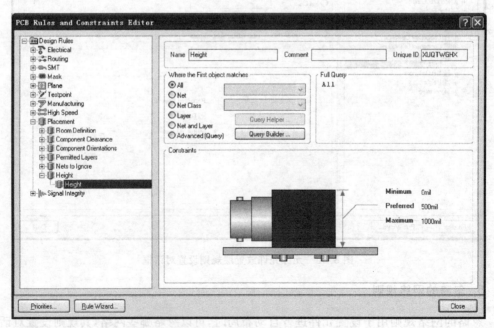

图 8.42　高度规则设置对话框

8.4 PCB 元件布局

完成了设计规则的设置之后，就可以对 PCB 上的元件进行布局操作了。元件布局是 PCB 设计的一个重要环节，布局的好坏直接影响到布线的难易程度和布线质量的高低。元件布局有自动布局和手工布局两种方式，自动布局是指 PCB 设计系统按照设置好的布局规则自动地进行元件布局；手工布局是指用户通过鼠标操作在 PCB 上进行元件布局。自动布局的效果一般都不太理想，需要通过手工布局进行调整，因此通常情况下都是采用自动布局与手工调整相结合来完成元件布局的。

8.4.1 自动布局

Protel DXP 的 PCB 设计系统具有强大的自动布局功能，采用自动布局可以大大提高工作效率。自动布局命令都集中在菜单项 Tools 下面的 Auto Placement 子菜单中，如图 8.43 所示。这些命令含义如下：

- Auto Placer 自动布局命令，用来启动自动布局设置对话框。
- Stop Auto Placer 用来停止自动布局操作。
- Shove 推挤命令，推挤操作可以将 PCB 中重叠放置的元件分离开。执行命令后光标变成十字形，将十字光标移到重叠的元件上单击鼠标左键，系统会提示选择以一个元件为中心推挤其他元件，选中某个元件后，重叠的元件被推开，单击鼠标右键结束。
- Set Shove Depth 设置推挤深度，即以基准元件为中心推挤其他元件的次数。
- Place From File 通过相应的文件进行布局操作。

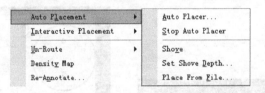

图 8.43 Tools/Auto Placement 子菜单

执行菜单命令 Tools/Auto Placement/Auto Placer，可以打开自动布局设置对话框，如图 8.44 所示。该对话框提供了两种自动布局方式：

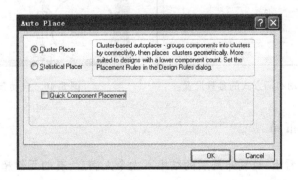

图 8.44 自动布局设置对话框

① Cluster Placer(分组自动布局)

分组自动布局方式按照元件连接关系的不同将元件分成组,然后在布局区域内按一定的几何位置进行布局。它适合于元件数量比较少的电路板,它的基本布局准则是使布局面积最小,选择这种布局方式时,还有一个 Quick Component Placement 复选框需要设置,选中它时可以加快系统的布局速度。

② Statistical Placer(统计自动布局)

统计自动布局方式根据统计计算法来放置元件,它以元件的连线长度最短为标准。它适用于元件数量比较多的电路板。选择统计自动布局方式时,对话框如图 8.45 所示。其中各项参数的设置如下:

- Group Components 设置是否将当前网络中连接密切的元件分成一组,在布局时将该组元件作为一个整体来看待,整体布局时组内元件的相对布局保持不变。
- Rotate Components 设置自动布局时是否允许元件被旋转以找到最佳的方向。
- Automatic PCB Update 设置元件布局时是否自动更新到 PCB。
- Power Nets 设置电源网络的名称。
- Ground Nets 设置接地网络的名称。
- Grid Size 设置元件自动布局时的网格间距的大小。

仍以 8.2 节中的模拟放大电路为例,将网络和元件封装导入到 PCB 后,如图 8.19 所示,现在为该电路板进行自动布局。执行自动布局命令,打开自动布局设置对话框,该对话框中采用系统默认的分组自动布局方式,单击 OK 按钮,这时系统开始自动布局操作,从工作窗口可以看到布局进程的变化,自动布局后的电路板如图 8.46 所示。

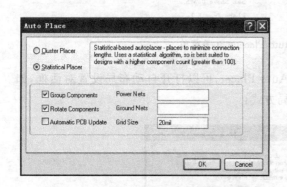

图 8.45 统计自动布局方式的参数设置

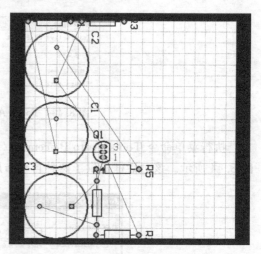

图 8.46 自动布局后的 PCB

8.4.2 手工布局

从图 8.46 可以看出,自动布局后的结果不太令人满意,有的元件超出了电路板的边框,并且元件分布不均匀,因此需要对元件在电路板上的位置进行手工调整,目的是使元件在

PCB 上布局合理。手工布局包括对元件的移动、旋转、排列与对齐等操作,下面分别介绍。

1. 元件的移动

元件移动的操作有两种,一种是使用鼠标拖动的方法移动元件,另一种是使用菜单命令移动元件。

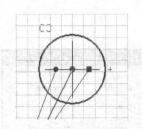

图 8.47 使用鼠标拖动元件

(1)使用鼠标拖动元件时,将鼠标指向要移动的元件,按住鼠标左键,此时光标自动跳到元件的中心,并变成十字形,如图 8.47 所示。此时拖动鼠标可以将该元件移到图纸的任何位置。此方法也可以移动其他组件,如元件标号、参数值和导线等。

(2)元件移动的菜单命令为 Edit/Move/Move,执行命令后,光标变成十字形,在需要移动的元件上单击一下鼠标左键,元件便浮于十字光标上,移动鼠标,元件会跟着十字光标一起移动,将元件移到合适的位置,单击鼠标左键将元件定位。

对于多个选中的元件,可以使用鼠标拖动的方法或使用菜单命令 Edit/Move/Move Selection 进行群体移动。

2. 元件的旋转

元件旋转的方法有两种,一种是使用快捷键旋转元件,另一种是使用菜单命令旋转元件。

(1)使用快捷键完成元件的旋转。在移动元件的过程中,即元件浮于十字光标上时,每按一次空格键,元件会逆时针旋转 90°。

(2)元件旋转的菜单命令为 Edit/Move/Rotate Selection。使用菜单命令前,首先选中要旋转的元件,执行命令后,会弹出如图 8.48 所示的旋转角度设置对话框。

在该对话框中输入旋转的角度,单击 OK 按钮,光标变成十字形,将十字光标移到工作区内,选择一个适当的点单击鼠标左键,被选中的元件便以该点为参考点旋转相应的角度。

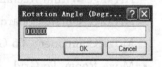

图 8.48 旋转角度设置对话框

同样,对于多个被选中的元件,可以完成群体的旋转。

3. 元件的排列与对齐

有关元件排列与对齐的命令全部集中在菜单项 Tools 下面的 Interactive Placement 子菜单中,如图 8.49 所示。Interactive Placement 子菜单中的各项命令含义如下:

- Align 元件的对齐命令,执行命令后会弹出元件对齐设置对话框,如图 8.50 所示。该对话框可以对选中的一组元件在水平(Horizontal)和垂直(Vertical)两个方向进行对齐操作。
- Position Component Text 用于对 PCB 中选取元件封装的标注进行定位。
- Align Left 用于对选取的元件以最左端的元件为准纵向对齐。

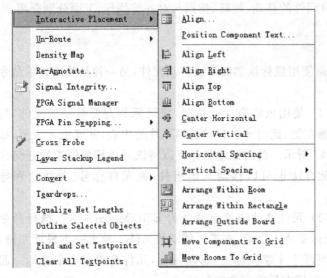

图 8.49 Tools/Interactive Placement 子菜单   图 8.50 元件对齐设置对话框

- Align Right   用于对选取的元件以最右端的元件为准纵向对齐。
- Align Top   用于对选取的元件以最上端的元件为准横向对齐。
- Align Bottom   用于对选取的元件以最下端的元件为准横向对齐。
- Center Horizontal   用于对选取的元件以相应的中心位置纵向对齐。
- Center Vertical   用于对选取的元件以相应的中心位置横向对齐。
- Horizontal Spacing   用于对选取的元件以不同的间距进行纵向对齐。
- Vertical Spacing   用于对选取的元件以不同的间距进行横向对齐。
- Arrange Within Room   用于将元件在 Room 内排列。
- Arrange Within Rectangle   用于对选取的元件在矩形区域内排列。
- Arrange Outside Board   用于对选取的元件在 PCB 之外进行排列。
- Move Component To Grid   用于将选取的元件在网格点上排列。
- Move Room To Grid   用于将选取的 Room 在网格点上排列。

Interactive Placement 子菜单中的命令左边有一些图标,表示这些命令与实用工具栏中下拉按钮  中的图标相对应。

4．调整元件标注

元件标注字符的位置、大小和方向等如果不合适,虽然不会影响电路的正确性,但会影响电路板的美观,所以在对电路板上的元件布局或布线后,还需要对元件的标注字符进行调整。调整的原则是标注要尽量靠近元件,以指示元件的位置;标注方向要尽量统一,排列有序;标注的位置不要盖住元件封装、焊盘和过孔。调整元件标注可以采用移动和旋转等方法,其操作与调整元件的操作相同。

手工布局后的电路板如图 8.51 所示。

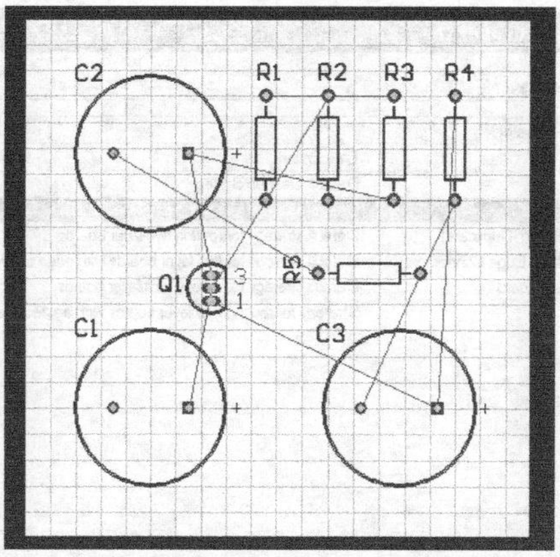

图 8.51 手工布局后的电路板

8.5 PCB 布线

布线就是在电路板上放置导线和过孔,将 PCB 上元件封装的焊盘连接起来。在进行具体的布线之前,要根据设计的具体要求设置布线规则,合理的布线规则会大大提高布线的效率和布通率。Protel DXP 提供了两种布线方式:自动布线和手工布线。自动布线速度快、成功率高,但自动布线也有不太合理的地方,这时需要采用手工布线进行相应的调整。

8.5.1 自动布线

有关自动布线的操作命令都集中在菜单项 Auto Route 中,如图 8.52 所示。这些命令的具体含义如下:

- All 对整个电路板进行自动布线。
- Net 对指定网络进行自动布线。
- Connection 对指定飞线进行自动布线。
- Component 对指定元件进行自动布线。
- Area 对指定区域进行自动布线。
- Room 对指定 Room 区域进行自动布线。
- Setup 用来设置 PCB 的自动布线策略,通常采用系统默认的自动布线策略。
- Stop 在布线过程中,用来停止自动布线的操作。
- Reset 使已经布线的电路板重新进行自动布线。
- Pause 使正在自动布线的电路板暂停自动布线。

图 8.52 自动布线命令

- Restart 恢复暂停的自动布线操作。

下面使用自动布线命令对如图 8.51 所示的电路板进行自动布线。执行菜单命令:Auto Route/All,系统会弹出自动布线策略对话框,如图 8.53 所示。

单击该对话框中的 Add 按钮或 Duplicate 按钮可以打开自动布线策略编辑对话框,通常这个对话框的设置采用默认值,这里不再介绍。

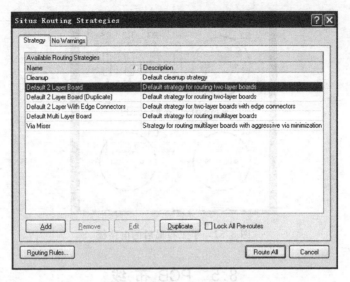

图 8.53　自动布线策略对话框

另外,在 PCB 设计中为了提高抗干扰能力,增加电路系统的可靠性,常常需要将电源、接地导线以及一些流过较大电流的导线加宽。在本例中将电源线加宽为 15mil,接地导线加宽为 20mil,电路板上其余线宽为 10mil。单击图 8.53 中的 Routing Rules 按钮可以打开布线规则设置对话框,如图 8.54 所示。

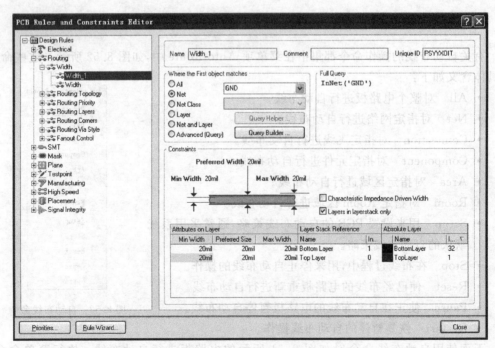

图 8.54　布线规则设置对话框

在该对话框中左边的 Design Rules 列表中选择 Routing(布线规则)中的 Width(导线宽度规则),在 Width 上单击鼠标右键,在弹出的快捷菜单中选择 New Rule,添加一项新规则,在右边的 Where the First object matches 区域选择 Net,即对指定网络设置导线宽度,然后在 Net 右边的下拉列表中选择 GND。在下面的 Constraints 区域设置接地线的宽度,将导线宽度的最小值、典型值和最大值都设为 20mil,如图 8.54 所示。

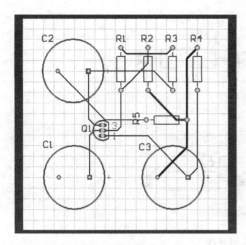

图 8.55 自动布线后的电路板

继续添加一项规则将电源线加宽,按上面介绍的方法设置电源线(与 VCC 连接的网络)的宽度为 15mil。

再添加一项规则设置电路板上所有线宽为 10mil,设置完成后关闭布线规则设置对话框,回到如图 8.53 所示的对话框,单击对话框中的 Route All 按钮,系统就开始对 PCB 进行自动布线,同时设计窗口会弹出 Message 对话框,显示自动布线的执行情况。自动布线后的电路板如图 8.55 所示。

8.5.2 手工布线

自动布线后,如果有不合理的地方,需要进行手工调整。调整布线时,对于不合理的布线需要先拆除,然后采用放置导线命令重新布设导线。

1. 拆除布线

拆除布线是把电路板上已布设好的导线拆除,拆除布线的命令集中在菜单项 Tools 下面的 Un-Route 子菜单中,如图 8.56 所示。

Un-Route 子菜单中的命令包括拆除全部布线(All)、拆除指定网络的布线(Net)、拆除指定连线的布线(Connection)、拆除指定元件的布线(Component)和拆除指定 Room 区域的布线(Room)。

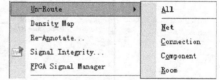

图 8.56 拆除布线命令

2. 手工布线

执行放置导线命令 Place/Interactive Routing 或布线工具栏上的图标 ,执行命令后光标变成十字形,进入放置导线状态,将十字光标移到焊盘中心,单击鼠标左键确定导线的起点,此时焊盘上会出现如图 8.57(a)所示的八角形状,说明光标和焊盘的中心重合。移动导线到另一个焊盘,如图 8.57(b)所示。单击鼠标左键确定第一段导线的位置和长度,再单击鼠标左键,确定第二段导线的位置和长度。单击鼠标右键结束这一段导线的绘制,再次单击鼠标右键退出放置导线状态。

在布线过程中,按空格键可以随时切换导线的方向,按"←"(Backspace)键可以取消前一段导线的布设。要删除已经布好的导线,可以使用菜单命令 Edit/Delete,也可以使用前

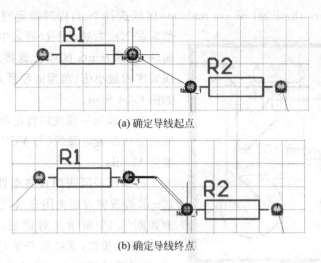

(a) 确定导线起点

(b) 确定导线终点

图 8.57 手工绘制导线

面介绍的解除布线命令。

在放置导线状态并确定了导线的起点后，按 Tab 键可以打开交互布线设置对话框，如图 8.58 所示。该对话框的各选项含义如下：

- Track Width　设置导线的宽度。
- Via Hole Size　设置与导线相连的过孔孔径。
- Via Diameter　设置与导线相连的过孔外径。
- Layer　设置导线所放置的板层。

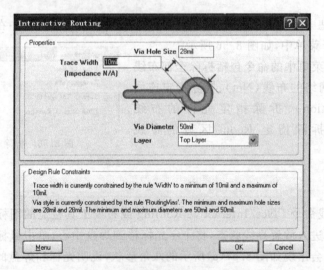

图 8.58　交互布线设置对话框

- Menu 按钮　用来设置导线的布线规则，单击该按钮，会弹出如图 8.59 所示的菜单。共 4 个选项：Edit Width Rule(编辑线宽规则)、Edit Via Rule(编辑过孔规则)、Add Width Rule(添加线宽规则)和 Add Via Rule(添加过孔规则)。

对于绘制完的导线，用鼠标双击导线，可以打开导线属性设置对话框，如图 8.60 所示。

该对话框的各选项含义如下：
- Start X,Y 和 End X,Y　设置导线的起点和终点坐标。
- Width　设置导线的宽度。
- Layer　设置导线所在板层。
- Net　设置导线的网络名称。
- Locked　设置导线是否处于锁定状态。
- Keepout　设置是否在禁止布线层放置该导线。

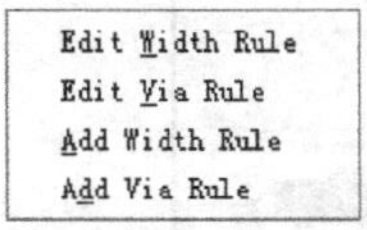

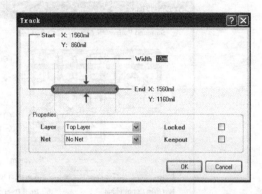

```
Edit Width Rule
Edit Via Rule
Add Width Rule
Add Via Rule
```

图 8.59　Menu 菜单　　　　　　　图 8.60　导线属性设置对话框

8.6　PCB 设计的其他操作

完成 PCB 的布线以后，电路板的设计工作就基本完成了。但是，有时候还需要对 PCB 进行一系列后期处理，如多边形覆铜，放置包地和补泪滴等操作，本节介绍 PCB 设计过程中的一些其他操作。

8.6.1　布线工具栏介绍

PCB 编辑器中的布线工具栏如图 8.61 所示。该工具栏各图标功能以及与菜单命令的对应关系如表 8.1 所示。

图 8.61　布线工具栏

表 8.1　布线工具栏各图标功能及对应的菜单命令

图　标	功　能	对应菜单命令
	放置导线	Place/Interactive Routing
	放置焊盘	Place/Pad
	放置过孔	Place/Via
	边缘法绘制圆弧	Place/Arc(Edge)
	放置矩形填充	Place/Fill
	放置多边形覆铜	Place/Polygon plane
A	放置字符串	Place/String
	放置元件封装	Place/Component

8.6.2 多边形覆铜

完成电路板的布线后,为了提高电路板的抗干扰能力,通常在电路板的空白区域进行覆铜处理,下面介绍多边形覆铜的操作。

执行菜单命令 Place/Polygon plane,或者单击布线工具栏上的图标 ▦ ,会弹出多边形覆铜设置对话框,如图 8.62 所示。该对话框的具体设置内容如下:

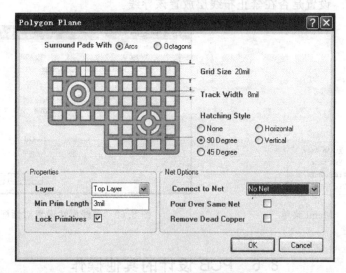

图 8.62　多边形覆铜设置对话框

- Surround Pads With　设置覆铜导线包围焊盘的形式,共有两种选择:Arcs(圆弧形)和 Octagons(正八边形)。覆铜导线包围焊盘的两种形式如图 8.63 所示。

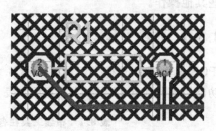

(a) Arcs(圆弧形)　　　　　　　　　　　(b) Octagons(正八边形)

图 8.63　覆铜导线包围焊盘的形式

- Grid Size　设置覆铜网格的宽度。
- Track Width　设置覆铜导线的宽度。
- Hatching Style　设置覆铜导线的类型,共有 5 个选项:None(不覆铜)、90 Degree(90°导线覆铜)、45 Degree(45°导线覆铜)、Horizontal(水平导线覆铜)以及 Vertical(垂直导线覆铜)。多边形覆铜的 5 种类型如图 8.64 所示。
- Layer　设置覆铜所在的板层,可以在右边的下拉列表中选择。
- Min Prim Length　设置多边形内导线的最小长度。该设定值越小,多边形越光滑越精细,但覆铜时间也会相应增加;该设定值越大,多边形越粗糙,但节约时间。

- Lock Primitives　设置是否将多边形覆铜的所有导线锁定为一个整体。选中此项, 则在编辑时对整个多边形进行编辑;不选此项,则可以对多边形中某一段导线进行 编辑。
- Connect to Net　用来选择与多边形覆铜连接的网络,通常覆铜导线与信号地 (GND)相连,这样可以提高 PCB 的抗干扰能力。
- Pour Over Same Net　设置覆铜时是否覆盖同一网络的导线和焊盘。
- Remove Dead Copper　设置是否删除不与任何网络连接的死铜。

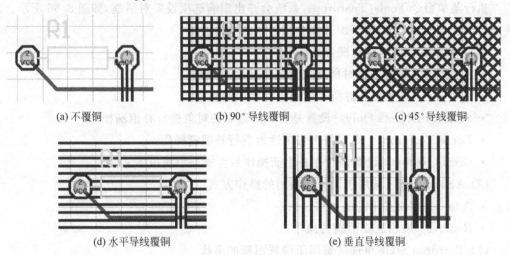

(a) 不覆铜　　(b) 90°导线覆铜　　(c) 45°导线覆铜

(d) 水平导线覆铜　　(e) 垂直导线覆铜

图 8.64　多边形覆铜的 5 种类型

完成对话框的设置后,单击 OK 按钮,鼠标变成十字形,将鼠标移到合适的位置,分别确 定多边形的各个顶点即可。但要注意覆铜区必须是封闭的多边形,通常电路板采用的是长 方形,因此覆铜区最好沿长方形的四个顶点,即整个电路板。覆铜完成后,单击鼠标右键退 出覆铜状态。

8.6.3　包地

包地是为了使某些特殊的信号走线不受到干扰,用接地线将这些特殊的导线或网络包 在中间,从而与区域外的导线和网络隔离开。

在进行包地操作之前,首先要选择需要包 地的网络或导线。执行菜单命令 Edit/Select/ Net 命令,鼠标变成十字形,处于选取网络状 态,选取需要包地的网络后,单击鼠标右键退出 选取状态。

执行菜单命令 Tools/Outline Selected Objects,系统会自动为选取的网络进行包地操 作,对指定网络包地后的电路板如图 8.65 所示。

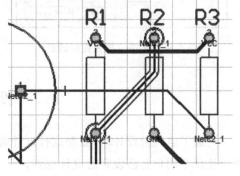

图 8.65　指定网络包地后的电路板

　　如果要删除包地的导线,可执行菜单命令 Edit /Select/Connected Copper,鼠标变成十字形,将十字光标移到要删除的包地导线上,单击选取包地导线,然后按 Delete 键即可删除不需要的包地导线。

8.6.4　补泪滴

　　补泪滴就是使焊盘和导线的连接处成泪滴形状,目的是增加焊盘和印制导线连接处的宽度,以提高焊盘在电路板上的机械强度。

　　执行菜单命令 Tools/Teardrops,系统会弹出泪滴选项设置对话框,如图 8.66 所示。对话框的设置分成 3 个区域,下面分别介绍各个区域的设置。

　　(1) General 区域的复选框含义如下:
- All Pads　设置是否对所有焊盘进行补泪滴操作。
- All Vias　设置是否对所有过孔进行补泪滴操作。
- Selected Objects Only　设置是否只对选中的对象进行补泪滴操作。
- Force Teardrops　设置是否强制性地进行补泪滴操作。
- Create Report　设置是否在补泪滴操作后生成补泪滴报告文件。

　　(2) Action 单选区域用于设置补泪滴的操作方式。
- Add　表示添加泪滴的操作。
- Remove　表示删除泪滴的操作。

　　(3) Teardrop Style 单选区域用于设置泪滴的形状。
- Arc　用圆弧形补泪滴。
- Track　用导线形补泪滴。

设置完成后单击 OK 按钮,系统进行补泪滴操作,补泪滴后的电路板如图 8.67 所示。

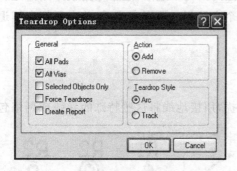

图 8.66　泪滴选项设置对话框

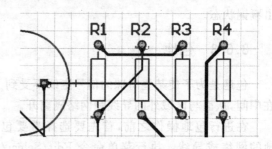

图 8.67　补泪滴后的电路板

8.7　设计规则检查

　　完成了电路板设计后,需要运行设计规则检查(DRC),以检验自动布线及手工调整后,是否违反了用户自己设定的设计规则。

　　执行菜单命令 Tools/Design Rule Check,系统会弹出设计规则检查对话框,如图 8.68

所示。该对话框主要包括两部分内容的设置 Report Options(报告选项的设置)和 Rules To Check(规则检查的设置)。

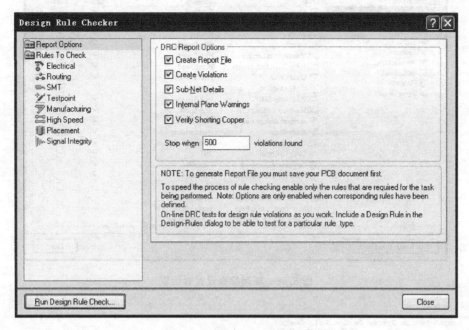

图 8.68　设计规则检查对话框

1. 报告选项的设置

在设计规则检查对话框的左边区域选择 Report Options,如图 8.68 所示。该选项用来设置 DRC 后有关报告生成的相关内容,这些选项的具体含义如下:

- Create Report File　设置 DRC 后,是否产生报告文件以保存检验结果。
- Create Violations　设置是否显示违反的规则。
- Sub-Net Details　设置是否对子网络一并进行规则检查。
- Internal Plane Warnings　设置在报告中是否产生内部电源层警告的内容。
- Verify Shorting Copper　设置在报告中是否包括未连接铜的信息。
- Stop when…violations found　当违反规则多少次时停止检查。

2. 规则检查的设置

在设计规则检查对话框的左边区域选择 Rules To Check,打开规则检查设置对话框,如图 8.69 所示。该对话框主要用来选择对哪些规则进行检查。可以从左边区域选择规则的类别,然后在右边区域选择具体的检查内容,右边区域的设置又分为两列:一列是 Online 复选框,用来选择对哪些规则进行在线检查,即在设计 PCB 的过程中,系统都实时检查是否有违反规则的情况;另一部分是 Batch 复选框,用来选择成批处理检查的规则。

对话框设置完毕后,单击左下角的 Run Design Rule Check 按钮,系统开始运行设计规则检查,并产生报告文件,如图 8.70 所示。

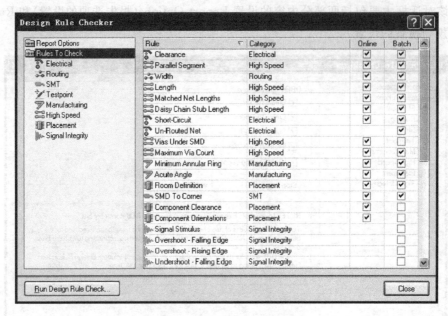

图 8.69 规则检查设置对话框

```
Protel Design System Design Rule Check
PCB File : \Protel DXP练习\模拟放大电路.PcbDoc
Date     : 2009-7-31
Time     : 21:05:04

Processing Rule : Hole Size Constraint (Min=1mil) (Max=100mil) (All)
Rule Violations :0

Processing Rule : Height Constraint (Min=0mil) (Max=1000mil) (Prefered=500mil) (All)
Rule Violations :0

Processing Rule : Width Constraint (Min=10mil) (Max=10mil) (Preferred=10mil) (All)
Rule Violations :0

Processing Rule : Clearance Constraint (Gap=10mil) (All),(All)
Rule Violations :0

Processing Rule : Broken-Net Constraint ( (All) )
Rule Violations :0

Processing Rule : Short-Circuit Constraint (Allowed=No) (All),(All)
Rule Violations :0


Violations Detected : 0
Time Elapsed        : 00:00:00
```

图 8.70 DRC 报告文件

8.8 报表生成与电路板输出

Protel DXP 提供了生成各种报表的功能,可以为用户提供有关设计内容的详细资料,包括设计过程中电路板的状态信息、引脚信息、元件封装信息、网络信息以及布线信息等。本节主要介绍报表的生成方法以及 PCB 电路板图的输出。

8.8.1 生成电路板信息报表

电路板信息报表能够为用户提供一个电路板的完整信息,包括电路板尺寸、电路板上的焊盘、过孔的数量以及电路板上的元件标号等内容。下面以 Protel DXP 自带的文件 4 Port Serial Interface. PcbDoc 为例介绍电路板信息报表的具体内容。

打开 4 Port Serial Interface. PcbDoc 文件,执行菜单命令 Reports/Board Information,执行命令后会弹出电路板信息对话框,如图 8.71 所示,该对话框包括 3 个标签页。

1. General 标签页

General 标签页的内容如图 8.71 所示,用于显示电路板的一般信息。其中 Primitives 区域显示电路板上各种组件的数量,Board Dimensions 区域显示电路板的尺寸,Other 区域显示电路板上焊盘和过孔的数量以及违反设计规则的数量。

2. Components 标签页

Components 标签页如图 8.72 所示,显示了当前电路板上所有的元件标号。其中 Total 栏显示电路板上所有元件的数量,Top 栏显示放置在电路板顶层的元件数量,Bottom 栏显示放置在电路板底层的元件数量。

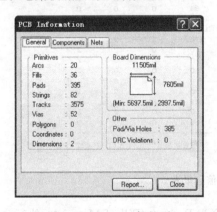

图 8.71 General 标签页

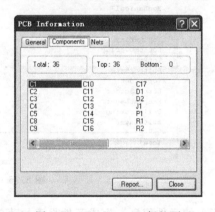

图 8.72 Components 标签页

3. Nets 标签页

Nets 标签页如图 8.73 所示,用于显示电路板上的网络信息。其中 Loaded 栏显示了网络的数量,单击 Pwr/Gnd 按钮还可以查看内部电源层的信息。

单击电路板信息对话框下面的 Report 按钮,会弹出电路板报表设置对话框,如图 8.74 所示。该对话框用来对电路板信息中的各种参数进行选择,例如选中 Layer Information(板层信息)后,单击 Report 按钮则会产生板层信息报表,如图 8.75 所示。

8.8.2 生成元件报表

元件报表用来整理一个电路板或一个项目中的元件,形成一个元件列表,以便用户了解

图 8.73　Nets 标签页

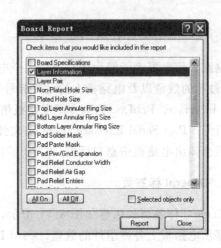

图 8.74　电路板报表设置对话框

```
Specifications For 4 Port Serial Interface.pcbdoc
On 2009-8-1 at 9:37:50

Layer              Route    Pads    Tracks    Fills    Arcs    Text
--------------------------------------------------------------------
TopLayer                     31       680        0       0       1
BottomLayer                  31       744        0       0       2
Mechanical1                   0        12        0       0       0
Mechanical3                   0        34        0       0       0
Mechanical4                   0        45        0       1      22
Mechanical16                  0      1874        0       0      31
TopOverlay                    0       170        2      19      86
BottomOverlay                 0         0        0       0       2
TopPaste                      0         0        0       0       2
BottomPaste                   0         0        0       0       2
TopSolder                     0         0        1       0       2
BottomSolder                  0         0        1       0       2
KeepOutLayer                  0        16       32       0       0
DrillDrawing                  0         0        0       0       2
MultiLayer                  333         0        0       0       0
--------------------------------------------------------------------
Total                       395      3575       36      20     154
```

图 8.75　板层信息报表

电路板上的元件信息。生成元件报表的菜单命令为 Reports/Bill of Materials,执行命令后,会弹出元件报表设置对话框,如图 8.76 所示。该对话框的内容与原理图元件报表对话框中的设置内容相同,这里不再赘述。

8.8.3　生成网络状态报表

网络状态报表用来显示电路板上每一条网络的导线总长度。生成网络状态报表的菜单命令为:Reports/Netlist Status,执行命令后将生成网络状态报表,如图 8.77 所示。

在 Reports 菜单下还有一些生成其他报表的命令:Component Cross Reference(元件交叉参考报表)和 Report Project Hierarchy(项目层次报表)等。并且还有一些测量命令,包括测量两点之间距离(Measure Distance)、测量两图件之间距离(Measure Primitives)和测量被选中导线的长度(Measure Selected Objects)。

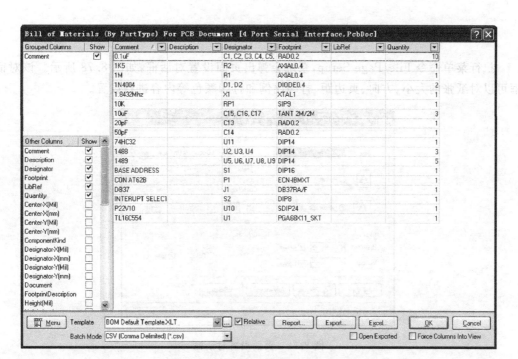

图 8.76　元件报表设置对话框

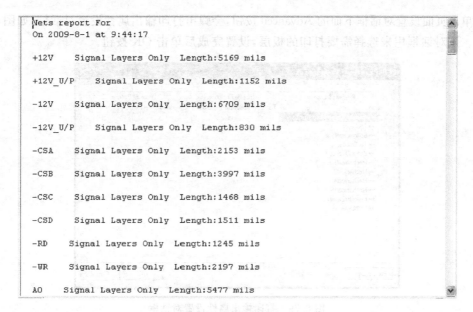

图 8.77　网络状态报表

8.8.4　PCB 电路板图的输出

完成了电路板的设计以后,就可以将设计结果打印输出了,打印之前首先要对打印页面和打印机类型等内容进行设置,并且 Protel DXP 还提供了强大的打印预览功能。电路板输出的具体步骤如下。

1. 页面设置

执行菜单命令 File/Page Setup,系统会弹出页面设置对话框,如图 8.78 所示。该对话框可以对纸张的大小、方向、页边距、打印比例和打印颜色等内容进行设置。

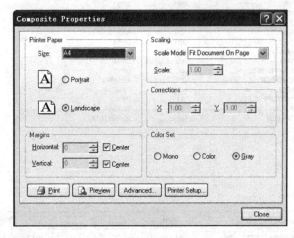

图 8.78　页面设置对话框

2. 打印输出属性设置

单击页面设置对话框下面的 Advanced 按钮,会弹出打印输出属性设置对话框,如图 8.79 所示。该对话框用来选择需要打印的板层,设置完成后单击 OK 按钮。

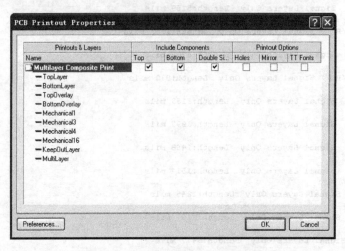

图 8.79　打印输出属性设置对话框

3. 打印预览

完成页面设置并选择了打印板层之后,在如图 8.78 所示的页面设置对话框中单击 Preview 按钮,或者执行菜单命令 File/Print Preview,系统会显示打印预览图,如图 8.80 所示。

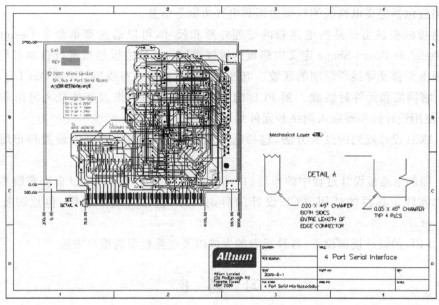

图 8.80 打印预览图

4. 打印输出

打印预览后,如果符合要求,单击页面设置对话框中的 Print 按钮,系统会弹出打印机配置对话框,如图 8.81 所示。执行菜单命令 File/Print,也可以打开该对话框,单击该对话框中的 OK 按钮,即开始打印。

图 8.81 打印机配置对话框

8.9 小 结

本章详细介绍了印制电路板的设计方法。主要内容有:
(1) 规划电路板,规划电路板可以使用手工规划电路板,也可以使用向导规划电路板。

规划电路板包括定义电路板的机械边框和电气边框等信息。

电路板的机械边框是指电路板的物理外形和尺寸,可以通过菜单命令 Design/Board Shape/Redefine Board Shape 定义电路板的机械边框。电气边框是指进行自动布局和布线时电路板上元件及导线所限制的区域。电气边框定义在禁止布线层(Keep-Out Layer)上。

(2) 将网络和元件封装载入到 PCB 的方法,一是使用网络表文件载入网络和元件封装,二是使用设计同步器载入网络和元件封装。

(3) PCB 设计规则的设置方法,包括电气规则的设置、布线规则的设置和布局规则的设置。

(4) 印制电路板设计过程中的布局(自动布局和手工布局)和布线(自动布线和手工布线)操作,布线工具栏的使用,PCB 设计的后期处理,包括多边形覆铜、包地和补泪滴的方法。

(5) PCB 的设计规则检查,各种报表的生成以及电路板图的输出方法。

习 题 8

8.1 简述加载网络表文件的过程。

8.2 如何使用设计同步器载入网络和元件封装?

8.3 对电路板布线时,为什么要对电源和接地导线进行加宽处理?

8.4 说明在 PCB 设计中对 PCB 板覆铜、包地和补泪滴的作用。

8.5 说明 DRC 检查的作用。

8.6 按图 8.82 绘制电路原理图,原理图的元件明细如表 8.2 所列。完成绘制原理图后进行项目编译,无误后生成网络表文件。按以下步骤完成电路板的设计。

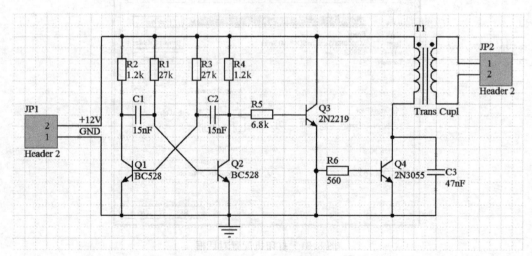

图 8.82 习题 8.6 电路

(1) 新建电路板文件,并规划一个 3000mil×2500mil 的电路板;

(2) 在 PCB 文件中载入网络表和元件封装;

(3) 自动布局并手工调整布局;

表 8.2　图 8.82 电路元件列表

序号	元件名称	元件标号	元件注释 Comment	元件值 Value	元件所在元件库
1	Cap	C1	不显示	15nF	
2	Cap	C2	不显示	15nF	
3	Cap	C3	不显示	47nF	
4	Res2	R1	不显示	27kΩ	
5	Res2	R2	不显示	1.2kΩ	
6	Res2	R3	不显示	27kΩ	
7	Res2	R4	不显示	1.2kΩ	Miscellaneous
8	Res2	R5	不显示	6.8kΩ	Devices. IntLib
9	Res2	R6	不显示	560Ω	
10	2N3904	Q1	BC528	—	
11	2N3904	Q2	BC528	—	
12	2N3904	Q3	2N2219	—	
13	2N3904	Q4	2N3055	—	
14	Trans Cupl	T1	Trans Cupl	—	
15	Header 2	JP1	Header 2	—	Miscellaneous
16	Header 2	JP2	Header 2	—	Connectors. IntLib

（4）对电路板上的元件进行自动布线。要求电路板中网络地（GND）的线宽为 20mil，电源网络（VCC）的线宽为 15mil，其余线宽均为 10mil。

8.7　按图 8.83 绘制电路原理图，原理图的元件明细如表 8.3 所列。完成绘制原理图后进行项目编译，无误后生成网络表文件。按以下步骤完成电路板的设计。

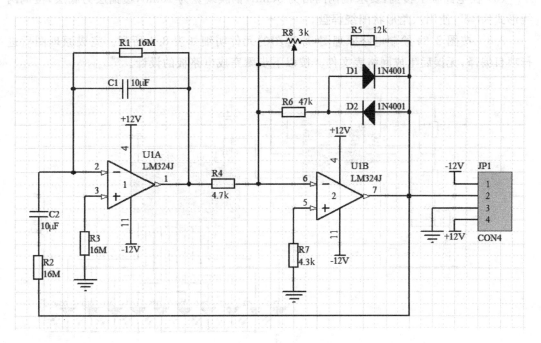

图 8.83　习题 8.7 电路

表 8.3　图 8.83 电路元件列表

序号	元件名称	元件标号	元件注释 Comment	元件值 Value	元件所在元件库
1	Cap	C1	不显示	$10\mu F$	Miscellaneous Devices. IntLib
2	Cap	C2	不显示	$10\mu F$	
3	Res2	R1	不显示	$16M\Omega$	
4	Res2	R2	不显示	$16M\Omega$	
5	Res2	R3	不显示	$16M\Omega$	
6	Res2	R4	不显示	$4.7k\Omega$	
7	Res2	R5	不显示	$12k\Omega$	
8	Res2	R6	不显示	$47k\Omega$	
9	Res2	R7	不显示	$4.3k\Omega$	
10	RPot	R8	不显示	$3k\Omega$	
11	Diode 1N4001	D1、D2	1N4001	—	
12	Header 4	JP1	CON4	—	Miscellaneous Connectors. IntLib
13	LM324J	U1	LM324J	—	Motorola Amplifier Operational Amplifier. IntLib

（1）新建电路板文件，并规划一个 2000mil×2000mil 的电路板；

（2）在 PCB 文件中载入网络表和元件封装；

（3）自动布局并手工调整布局；

（4）对电路板上的元件进行自动布线。要求电路板中网络地（GND）的线宽为 20mil，电源网络（VCC）的线宽为 15mil，其余线宽均为 10mil。

（5）在电路板上覆铜，要求覆铜网格为 30mil，铜膜线宽为 10mil，覆铜层为底层，覆铜网线形式为 45°，使用八角形状围绕焊盘。

8.8　按图 8.84 绘制电路原理图，原理图的元件明细如表 8.4 所列。完成原理图后进行项目编译，无误后生成网络表文件。按以下步骤完成电路板的设计。

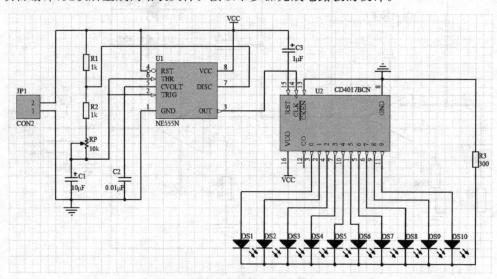

图 8.84　习题 8.8 电路

表 8.4 图 8.84 电路元件列表

序号	元件名称	元件标号	元件注释 Comment	元件值 Value	元件所在元件库
1	Cap Pol1	C1	不显示	$10\mu F$	Miscellaneous Devices. IntLib
2	Cap Pol1	C3	不显示	$1\mu F$	
3	Cap	C2	不显示	$0.01\mu F$	
4	Res2	R1	不显示	$1k\Omega$	
5	Res2	R2	不显示	$1k\Omega$	
6	Res2	R3	不显示	300Ω	
7	RPot	RP	不显示	$10k\Omega$	
8	LED0	DS1~DS10	不显示	—	
9	Header 2	JP1	CON2	—	Miscellaneous Connectors. IntLib
10	NE555N	U1	NE555N	—	ST Analog Timer Circuit. IntLib
11	CD4017BCN	U2	CD4017BCN	—	FSC Logic Counter. IntLib

(1) 新建电路板文件,并规划一个 3000mil×2000mil 的电路板;

(2) 在 PCB 文件中载入网络表和元件封装;

(3) 自动布局并手工调整布局;

(4) 对电路板上的元件进行自动布线。要求电路板中网络地(GND)的线宽为 20mil,电源网络(VCC)的线宽为 15mil,其余线宽均为 10mil。

(5) 在电路板上覆铜,要求覆铜网格为 30mil,铜膜线宽为 10mil,覆铜层为底层,覆铜网线形式为 45°,使用圆弧形状围绕焊盘。

第9章

创建元件封装

本章学习目标

• 掌握创建 PCB 元件封装库的两种方法；

• 认识元件封装编辑器，掌握手工创建元件封装和使用向导创建元件封装的方法。

同创建原理图元件一样，PCB 编辑系统也为用户提供了 PCB 元件封装的编辑和制作功能，以便用户能编辑、修改已有的元件封装或创建新的元件封装。本章主要介绍 PCB 元件封装库的创建方法，PCB 元件封装编辑器，手工绘制元件封装以及使用向导创建元件封装的方法。

9.1 创建 PCB 元件封装库

元件封装的创建与编辑在元件封装编辑器中进行，通常在创建自己的元件封装之前，先建立自己的元件封装库。PCB 的元件封装是通过元件封装库来统一管理的，通过元件封装库的管理，可以实现对元件封装的编辑、浏览、修改、重命名、删除和复制等操作。本节介绍 PCB 元件封装库的创建方法。

创建 PCB 元件封装库的方法有两种，一种是通过新建一个 PCB 库文件来完成，另一种是在 PCB 编辑器中将当前电路板上的所有元件组成一个新的封装库。

9.1.1 创建新的元件封装库

执行菜单命令 File/New/PCB Library，即在设计窗口中新建了一个默认文件名为 PcbLib1. PcbLib 的元件封装库文件，同时进入元件封装编辑器。

单击元件封装编辑器的 PCB Library 面板标签，可以打开 PCB 库管理面板，如图 9.1 所示。可以看出在 Component 栏中列出了新建的元件封装，其默认名称为 PCBCOMPONENT_1。如果用鼠标右键单击该名称，可以在弹出的快捷菜单中选择添加新的元件封装，打开元件封装向导，以及对该元件封装进行复制、粘贴和重命名等操作。

执行文件保存命令：File/Save，可以将新建的元件封装库文件在指定路径下以指定的文件名称保存。

9.1.2 对当前 PCB 文件创建一个 PCB 元件封装库

下面以系统自带的 4 Port Serial Interface\4 Port Serial Interface. PcbDoc 电路板文件为例,对该 PCB 文件创建一个 PCB 元件封装库。

打开 4 Port Serial Interface. PcbDoc 文件,执行菜单命令 Design/Make PCB Library,即可创建一个与当前设计文件同名的 PCB 元件封装库,同时进入到元件封装编辑器界面,新建的 PCB 库文件扩展名为. PcbLib,当前 PCB 文件中的所有封装都添加到新建的 PCB 库中。此时的 PCB 库管理面板如图 9.2 所示。

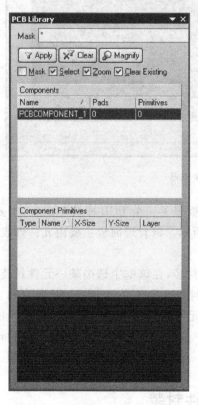

图 9.1 新建的 PCB 库管理面板

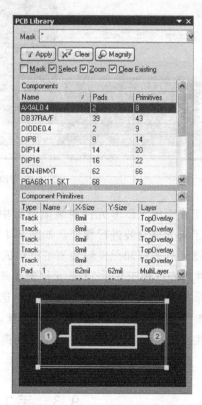

图 9.2 从 PCB 文件创建的 PCB 库管理面板

9.2 元件封装编辑器

元件封装编辑器如图 9.3 所示。元件封装编辑器界面与 PCB 编辑器界面相似,也是由菜单栏、工具栏、编辑窗口、工作面板和状态栏等部分组成。

- **菜单栏** 主要给设计人员提供编辑以及绘图等操作命令。
- **工具栏** 元件封装编辑器的工具栏包括标准工具栏和放置工具栏,标准工具栏为用户提供了文件的保存、打印、缩放、复制和粘贴等操作; 放置工具栏用于绘制元件封装时使用,例如放置线条、圆弧和焊盘等组件。

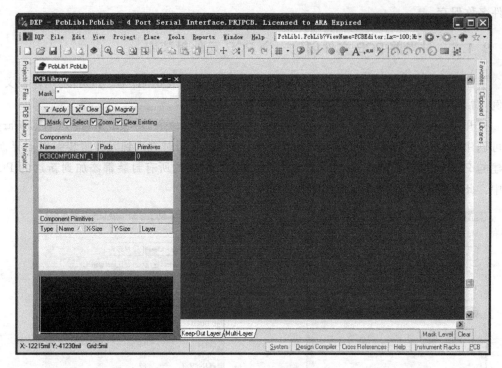

图 9.3 PBC 元件封装编辑器

- 工作面板　PCB 元件封装编辑器中的工作面板多了一个 PCB 库管理面板,主要用于对元件封装进行管理。如图 9.1 和图 9.2 所示。该管理面板主要由元件列表框、图元列表框和元件封装浏览框组成。

元件列表框用于显示 PCB 元件封装库中的元件封装,在该框中选中某一元件封装后,单击鼠标右键,在弹出的快捷菜单中可以选择对元件封装进行新建、复制、粘贴、排序和重命名等操作。元件列表框下面是图元列表框,用于显示元件列表框中选中元件的图元组成及图元属性。图元列表框下面是元件封装浏览框,用于显示元件列表框中选中元件的封装外形。

9.3　手工创建元件封装

下面以图 9.4 所示的元件封装为例介绍手工创建元件封装的操作步骤。

1. 设置环境参数

执行菜单命令 Tools/Library Options,系统会弹出板层选项设置对话框,如图 9.5 所示。该对话框可以对度量单位、电气网格、锁定网格、可视网格以及图纸等参数进行设置,设置方法与 PCB 编辑器中的环境设置方法相同,这里不再赘述。

另外在 Tools 菜单下执行 Layers & Colors 和

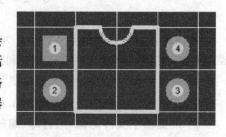

图 9.4　手工创建元件封装举例

Preferences 命令,还可以对板层和系统参数进行设置。这些参数的设置与 PCB 编辑器中参数的设置方法相同。

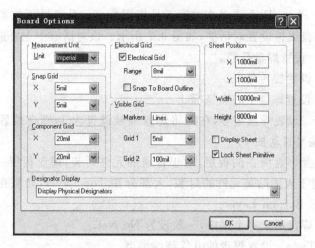

图 9.5 板层选项设置对话框

2. 绘制元件封装外形轮廓

元件封装外形轮廓在顶层丝印层绘制,因此用鼠标单击板层标签 Top Overlay,将顶层丝印层设置为当前工作层。分别用画直线命令和画圆弧命令完成元件封装轮廓的绘制。

(1) 执行菜单命令 Place/Line,或单击放置工具栏图标 ,光标变成十字形,按图 9.4 完成元件封装轮廓的直线部分。

(2) 执行菜单命令 Place/Arc(Center),或单击放置工具栏图标 ,光标变成十字形,绘制圆弧步骤如下:

- 首先将十字光标移到圆弧的中心位置,在圆弧中心位置单击鼠标左键,如图 9.6(a) 所示。
- 移动光标,圆弧线的半径随之改变,将光标移到合适的位置,单击鼠标确定圆弧半径,如图 9.6(b) 所示。
- 移动光标到合适的位置,单击鼠标确定圆弧线的起点,如图 9.6(c) 所示。
- 移动光标到合适的位置,单击鼠标确定圆弧线的终点,如图 9.6(d) 所示。

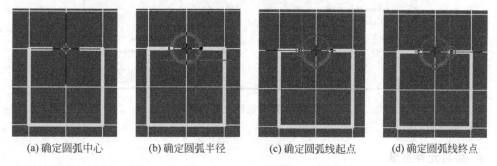

(a) 确定圆弧中心   (b) 确定圆弧半径   (c) 确定圆弧线起点   (d) 确定圆弧线终点

图 9.6 绘制圆弧

3．放置焊盘

执行菜单命令 Place/Pad,或单击放置工具栏图标 ◎ ,系统处于放置焊盘状态,此时按 Tab 键可以打开焊盘属性设置对话框,如图 9.7 所示。该对话框中主要选项设置如下:

- Hole Size　设置焊盘孔径。
- Rotation　设置旋转角度。
- Location　设置焊盘中心点坐标。
- Designator　设置焊盘编号,在此将焊盘编号设置为1,则在放置下一个焊盘时,后面的焊盘编号自动加1。
- Layer　设置焊盘所在的板层,对于普通的元件封装,焊盘板层一律在 Multi-Layer (多层);对于表面贴装元件的封装,大部分在 Top Layer,如果在焊接层放置元件,也可以选择 Bottom Layer。
- Net　设置焊盘属于哪个网络,一般设为 No Net。
- Electrical Type　设置焊盘的电气特性类型。
- Testpoint　设置是否将该焊盘作为测试点,如果是,选择 Top 或 Bottom。
- Plated　设置是否金属化焊盘。
- Locked　设置是否锁定焊盘位置。
- Size and Shape　设置焊盘的尺寸和形状。Shape 栏提供了 3 种焊盘的形状:Round (圆形)、Rectangle(方形)和 Octagonal(八角形)。按图 9.7 将 1 号焊盘的形状设置为方形,并放置到图纸的合适位置。将其余焊盘的形状设置为圆形,按图 9.4 依次完成所有焊盘的放置。

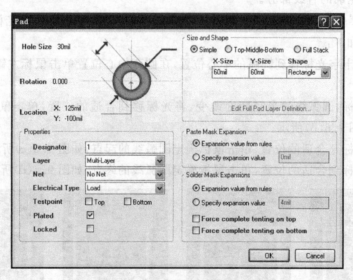

图 9.7　焊盘属性设置对话框

4．命名元件封装

新建元件封装后,系统默认的元件封装名为 PCBCOMPONENT_1,为方便使用,通常将其重新命名。执行菜单命令 Tools/Component Properties,或双击 PCB 库管理面板的元件封装名称 PCBCOMPONENT_1,系统会弹出元件封装属性设置对话框,如图 9.8 所示。在该对话框中的 Name 一栏输入新的元件封装名:DIP4。另外在 Height 一栏还可以设置元件封装的高度,在 Description 一栏输入元件封装的描述信息。设置完成,单击 OK 按钮退出。

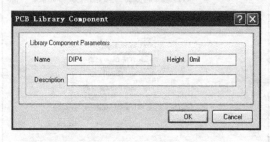

图 9.8 元件封装属性设置对话框

5. 设置元件封装参考点

执行菜单命令 Edit/Set Reference,在 Set Reference 的子菜单中有 3 个命令:Pin1(设置引脚 1 为参考点)、Center(设置元件中心为参考点)和 Location(由用户指定参考点)。这里设置引脚 1 为参考点。

6. 保存元件封装

执行菜单命令 File/Save,或单击工具栏上的图标 ,将新建的元件封装保存。

9.4 使用向导创建元件封装

Protel DXP 提供了创建元件封装的重要工具:元件封装向导(Component Wizard),常见的标准封装都可以使用元件封装向导来创建。下面使用元件封装向导创建一个 DIP14 元件封装。

(1) 执行菜单命令 Tools/New Component,系统会弹出元件封装向导首页,如图 9.9 所示。

图 9.9 元件封装向导首页

（2）单击 Next 按钮，进入选择元件封装形式对话框，如图 9.10 所示。在此对话框中选择元件封装的形式以及公制和英制单位。

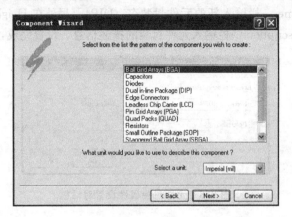

图 9.10　选择元件封装形式对话框

该对话框中列出了 12 种形式的元件封装供用户选择，包括：Ball Grid Arrays（BGA）（球栅阵列封装）、Capacitors（电容封装）、Diodes（二极管封装）、Dual in-line Package（DIP）（双列直插式封装）、Edge Connectors（边连接式封装）、Leadless Chip Carrier（LCC）（无引线芯片载体封装）、Pin Grid Arrays（PGA）（针栅阵列封装）、Quad Packs（QUAD）（四边引出扁平封装）、Resistors（电阻封装）、Small Outline Package（SOP）（小尺寸封装）、Staggered Ball Grid Arrays（SBGA）（交错球栅阵列封装）、Staggered Pin Grid Arrays（SPGA）（交错针栅阵列封装）。

本例选择封装形式为 Dual in-line Package（DIP），另外在公制和英制选择框中选择 Imperial（mil）（英制）。

（3）单击如图 9.10 所示的对话框中的 Next 按钮，进入焊盘尺寸设置对话框，如图 9.11 所示。该对话框用来设置焊盘的有关尺寸，在需要修改的地方单击鼠标，然后输入数值即可。

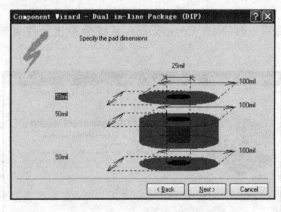

图 9.11　焊盘尺寸设置对话框

（4）单击如图 9.11 所示的对话框中的 Next 按钮，进入焊盘间距设置对话框，如图 9.12 所示。该对话框用来设置焊盘之间的水平间距和垂直间距，按图 9.12 进行设置。

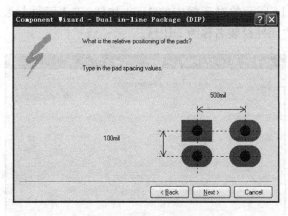

图 9.12　焊盘间距设置对话框

　　(5) 单击如图 9.12 所示的对话框中的 Next 按钮,进入元件封装轮廓线设置对话框,如图 9.13 所示,该对话框用于设置元件封装轮廓线的宽度。

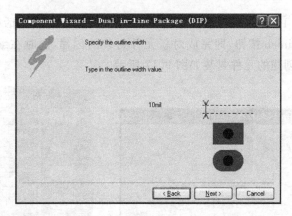

图 9.13　元件封装轮廓线设置对话框

　　(6) 单击如图 9.13 所示的对话框中的 Next 按钮,进入焊盘数量设置对话框,如图 9.14 所示。本例中焊盘数量设为 14。

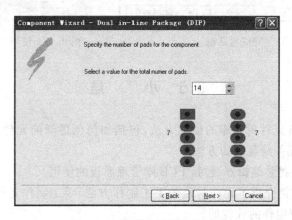

图 9.14　焊盘数量设置对话框

(7) 单击如图 9.14 所示的对话框中的 Next 按钮,进入元件封装名称设置对话框,如图 9.15 所示。本例中元件封装名称为 DIP14。

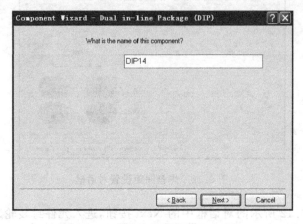

图 9.15 元件封装名称设置对话框

(8) 单击如图 9.15 所示的对话框中的 Next 按钮,弹出完成对话框,如图 9.16 所示。单击该对话框中的 Finish 按钮,即完成对新元件封装的创建,同时在编辑窗口中生成新的元件封装,使用向导创建的元件封装如图 9.17 所示。

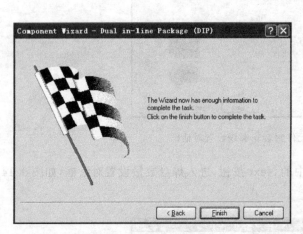

图 9.16 完成对话框

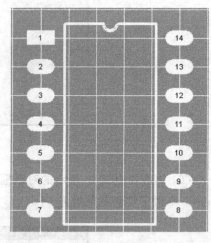

图 9.17 使用向导创建的元件封装

9.5 小 结

(1) 介绍了 PCB 元件封装库的创建方法,包括如何创建新的元件封装库,以及对已有 PCB 文件创建一个元件封装库的方法。

(2) 介绍了元件封装编辑器,包括 PCB 库管理面板的使用。

(3) 通过具体实例介绍了元件封装的手工制作方法,手工制作元件封装是通过放置工具栏的图标完成相应组件的放置的。

(4) 介绍了使用元件封装向导(Component Wizard)创建元件封装的方法。执行菜单命令 Tools/New Component,按照弹出对话框中内容的提示进行设置,最终完成元件封装的创建。

习　题　9

9.1　常见元件封装库的创建方法有哪两种?

9.2　手工绘制元件封装时,元件的外形轮廓一般放置在哪个工作层上? 焊盘一般放置在哪个工作层上?

9.3　新建一个元件封装库。在该元件封装库中手工创建如图 9.18 所示的电解电容元件封装。使用向导创建如图 9.19 所示的元件封装,元件封装形式为无引线芯片载体封装(LCC),元件封装命名为 LCC34,封装尺寸如图 9.20 所示。

9.4　综合练习。

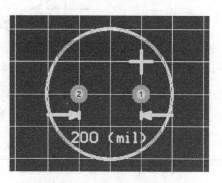

图 9.18　电解电容封装

新建设计项目并存放在指定文件夹下,以下设计文件均建立在此设计项目中。

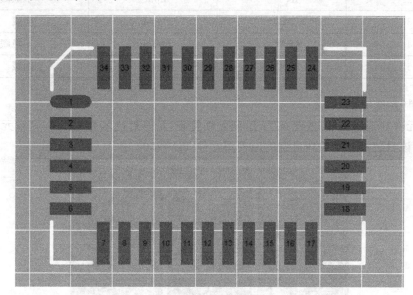

图 9.19　使用向导创建的元件封装

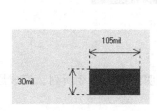
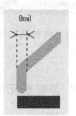
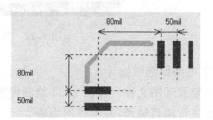

图 9.20　LCC34 封装的尺寸设置

1) 创建原理图元件

新建原理图元件库文件,根据图9.21所示的元件图形及表9.1所列的元件引脚说明,创建一个元件名为 TDA2002 的原理图元件,图 9.21(a)为未隐藏引脚的图形,图 9.21(b)为隐藏引脚后的图形。绘制元件时,网格参数设置为 Snap=5,Visible=10。

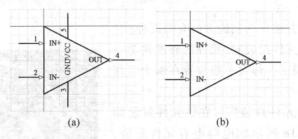

图 9.21　自制的原理图元件 TDA2002

表 9.1　自制元件引脚说明

引脚编号 Designator	引脚名称 Display Name	引脚电气特性 Electrical Type	是否隐藏引脚 Hide
1	IN+	Input	不隐藏
2	IN−	Input	不隐藏
3	GND	Power	隐藏
4	OUT	Output	不隐藏
5	VCC	Power	隐藏

2) 绘制元件封装

新建元件封装库文件,按图 9.22 绘制元件封装,元件封装名为 DIP-6,完成元件封装的绘制后,将该封装模型添加到自制的原理图元件 TDA2002 中。

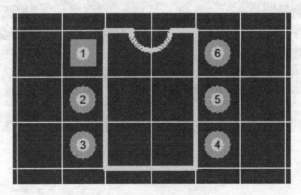

图 9.22　自制的元件封装 DIP-6

3) 电路原理图设计

新建原理图文件。按图 9.23 绘制原理图,原理图元件明细如表 9.2 所列。完成原理图设计后进行项目编译,并生成网络表。

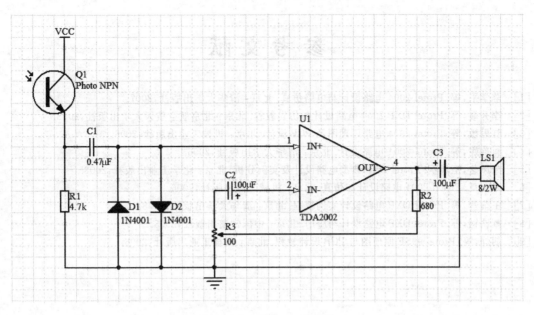

图 9.23　习题 9.4 原理图

表 9.2　图 9.23 原理图元件明细

序号	元件名称 Library Ref	元件标号 Designator	元件注释 Comment	元件值 Value	元件所在元件库
1	Photo NPN	Q1	Photo NPN	—	
2	Diode 1N4001	D1	1N4001	—	
3	Diode 1N4001	D2	1N4001	—	
4	Cap	C1	不显示	$0.47\mu F$	
5	Cap Pol1	C2	不显示	$100\mu F$	Miscellaneous
6	Cap Pol1	C3	不显示	$100\mu F$	Devices. IntLib
7	Res2	R1	不显示	$4.7k\Omega$	
8	Res2	R2	不显示	680Ω	
9	RPot	R3	不显示	100Ω	
10	Speaker	LS1	8/2W	—	
11	TDA2002(自制)	U1	TDA2002	—	自建的元件库

4) PCB 设计

在设计项目中创建 PCB 文件,规划电路板的机械边框和电气边框为 2000mil ×
2000mil。按以下要求完成电路板的设计。

(1) 在 PCB 中载入网络表文件,对元件进行自动布局,并手工调整。

(2) 进行自动布线,要求电路板中网络地(GND)的线宽为 20mil,电源网络(VCC)线宽
为 15mil,其余线宽为 10mil。

(3) 在电路板上覆铜,要求覆铜网格为 30mil,铜膜线宽为 10mil,覆铜层为底层,覆铜网
线形式为 45°,使用八角形状围绕焊盘。

参考文献

[1] 陈学平,等.Protel 2004 电路设计与电路仿真.北京：清华大学出版社,2007.

[2] 李秀霞,等.Protel DXP 2004 电路设计与仿真教程.北京：北京航空航天大学出版社,2008.

[3] 江思敏,等.Protel 2004 电路原理图及 PCB 设计.北京：机械工业出版社,2006.

[4] 肖玲妮,等.Protel 2004 电路设计.北京：清华大学出版社,2006.

[5] 朱凤芝,王凤桐.Protel DXP 典型电路设计及实例分析.北京：化学工业出版社,2008.

[6] 米永旦.Protel 2004 电路设计与仿真.北京：机械工业出版社,2006.

[7] 王莹莹,等.Protel DXP 电路设计实例教程.北京：清华大学出版社,2008.

[8] 臧铁钢,等.Protel DXP 电路设计与应用.北京：中国铁道出版社,2005.

[9] 胡烨,等.Protel 99SE 原理图与 PCB 设计教程.北京：机械工业出版社,2006.